大数据科学丛书

Journey to Data Quality

数据质量征途

Shuju Zhiliang Zhengtu

[美]Yang W. Lee, Leo L. Pipino, James D. Funk,
Richard Y. Wang 著

黄伟　王嘉寅　苏秦　冯耕中　编译

高等教育出版社·北京

Translation from English Language edition:
Journey to Data Quality
by Yang W. Lee, Leo L. Pipino, James D. Funk, and Richard Y. Wang

图书在版编目(CIP)数据

数据质量征途 / (美)李(Lee,Y.W.)等著;黄伟等编译. -- 北京:高等教育出版社, 2015.7
(大数据科学丛书)
书名原文:Journey to Data Quality
ISBN 978-7-04-042675-5

Ⅰ. ①数… Ⅱ. ①李… ②黄… Ⅲ. ①数据处理 Ⅳ. ①TP274

中国版本图书馆 CIP 数据核字(2015)第 107660 号

策划编辑 冯 英　责任编辑 冯 英　封面设计 王 鹏　版式设计 童 丹
责任校对 胡美萍　责任印制 尤 静

出版发行	高等教育出版社	咨询电话	400-810-0598
社　址	北京市西城区德外大街4号	网　址	http://www.hep.edu.cn
邮政编码	100120		http://www.hep.com.cn
印　刷	北京宏信印刷厂	网上订购	http://www.landraco.com
开　本	787mm×1092mm 1/16		http://www.landraco.com.cn
印　张	13	版　次	2015年7月第1版
字　数	230千字	印　次	2015年7月第1次印刷
购书热线	010-58581118	定　价	39.00元

本书如有缺页、倒页、脱页等质量问题，请到所购图书销售部门联系调换

物 料 号 42675-00

序一

大数据是数字时代的新型战略资源，也是服务创新、驱动发展的重要抓手。大数据是数据科学的一个应用，也是数据科学重要的发展方向。近年来，大数据的热潮与数据科学的发展互为促进，正改变着人们的生产、生活方式。而对于学者和业界来说，是否能够抓住机遇、深入研究、形成解决方案，就显得非常必要和紧迫。

由于大数据具有分散存储、整合使用，分析处理的时间、空间复杂度高，以及数据整体及其关系协同呈现高价值的三大特征，数据质量往往难以保障。但是数据质量对于使用、用好大数据起到决定性的作用。数据质量低不仅会降低决策质量，更可能带来难以估量的灾难性损失。保障和提高大数据的质量迫在眉睫。

《Journey to Data Quality》一书堪称数据质量领域的经典之作。该书从数据质量的概念入手，结合案例和分析工具，深入浅出地总结了美国学术界和产业界十余年的成果和经验，具有很强的指导性和实用性。由黄伟教授统筹，联合了国内外几位学者翻译该书，并融入最近几年的研究成果，很有意义。对于国内致力于数据质量的学者和业界来说，本书可以提供基础性的介绍和指导，为解决大数据环境下的数据质量问题指出方向。

徐宗本教授

中国科学院院士

2015年5月

序二

大数据时代的到来，不仅不断改变着人们认知世界的方式，而且正以其独特的影响力，推动着各行各业发展进步的新潮流。伴随着各种大数据技术的不断涌现，无论是在生命科学、医学，还是在金融、管理等诸多领域，大数据都显现出越来越重要的作用。大数据产业和管理正是将信息技术广泛而深入地应用于不同的行业，使后者拥有快速获取、高效存储、精准分析、正确判断各类数据和信息的能力，从而实现组织的科学决策。

积极抓住大数据带来的技术创新和产业变革的契机，成为国家间竞争和取得领先优势的关键。美国的国家大数据计划法案提出加强大数据相关领域的研究，将大数据及其产业作为国家推动的一个战略方向。党的十八大明确提出了创新驱动发展战略，大数据产业的发展以其内生的创新优势也必将成为重中之重。如何利用大数据提高国家的竞争力，如何发挥大数据的作用，成为政府、各行业都十分关注的问题——这其中，数据质量是一切的保障。

由黄伟教授牵头，联合西安交通大学和美国圣路易斯华盛顿大学的几位学者共同翻译、修编了《Journey to Data Quality》一书。该书不仅在数据质量研究领域享有盛誉，而且得到产业界的高度赞许和推崇，这是非常难能可贵的。书中不仅总结了前沿的研究成果和产业界多年的实践经验，而且通过对经典案例的深入剖析实现了理论与实践应用的统一。本书对于研究者、实践者，特别是管理者来说，将会带来重要的启迪。

汪应洛教授
中国工程院院士
西安交通大学管理学院名誉院长
2015 年 5 月

译者前言

信息技术的快速发展和普及推动着“大数据时代”骤然而至。短短的几年中,以复杂网络系列理论为基础的社会-社交网络大数据支撑着众多的社交平台,近乎颠覆性地改变着人们日常的社交活动;以自组织体系结构为基础的智能电网技术,以及陆续涌现的智慧城市、智慧田园、智慧海洋大数据带动着诸多关键技术的跨领域交叉融合和跃进,不知不觉中改善着人们的社会生活;以高通量测序技术为基础的生物大数据不仅在农作物精准育种方面大显身手,而且与医学大数据结合形成的基因尺度特征-复杂疾病-药物功效关联网络使得个体化医疗变为现实。此外,在金融工程、先进制造、纳米材料等前沿领域和产业,大数据也正发挥着巨大的、乃至决定性的作用。

新的科技革命和新的产业变革已经初现端倪,抢抓机遇成为大国的必然选择。2012年美国政府公布了“大数据研发计划”(Big Data Research and Development Initiative),以期加强大数据相关领域的研究并带动产业发展,这是世界上首个大数据发展的国家战略。我国做出实施创新驱动发展战略的重大部署以来,大数据产业和大数据研究也迅速起步。可以预见在未来的十年,大数据产业将成为助推产业经济转型的强劲引擎。为满足我国大数据产业发展的需求,培养市场、社会急需的人才,推动大数据相关研究,西安交通大学管理学院与美国麻省理工学院(Massachusetts Institute of Technology)合作组建了数据科学与数据质量研究中心。作为一项基础性的工作,中心将引进、编著一系列大数据理论、技术、产业和管理相关的教材,希望借此帮助国内的学者特别是产业界,了解世界范围内大数据的前沿研究和应用,同时作为教学之用。

基础不牢,地动山摇。大数据产业的根基是数据,倘若数据的质量出了问题,大数据产业就难以获得高质量的产品,也很难得到长足的发展。大数据领域有句俗话“进去的是垃圾,出去的就是垃圾”(garbage in, garbage out),说的就是这种现象。不少研究指出,产业发展越迅速,低质量数据的危害就越严重。正因为如此,作为“大数据科学”丛书的首册,我们编译引进了 Yang W Lee、Leo L Pipino、James D Funk 和 Richard Y Wang 合作编著的《Journey to Data Quality》一书。四位作者都是国际数据质量研究的先驱,作者在书中总结了十余年的研究成果和实践经验,包括对数据质量概念的翔实介绍,对数据质量项目案例的深入剖析，以及信息产品地图等数据质量分析工具的应用指南。无论是对初窥门径的学生、还是对拥有多年工作经验的实践者，本书都有极高的参考价值。

本书的编译工作由西安交通大学黄伟教授、苏秦教授和冯耕中教授统筹。原书共12章，翻译初稿的第1~4章由张坦完成，第5、6章分别由张宏云、张舟完成，第7、8章由陈静完成，第9、10章由李雅慧完成，第11、12章分别由徐丰、杨彤完成。翻译初稿完成后，在一定范围内征求了意见。根据反馈，由刘跃文、张宏云、吴悦和马续补对翻译初稿的部分内容作了修改。全书由圣路易斯华盛顿大学王嘉寅博士修编并统稿，并在原著的基础上编入了两个附录，分别介绍了信息产品地图的配套绘制软件——迅图，由韩博编写，以及近年来数据质量研究的新进展，由刘跃文、张宏云、徐丰、黄伟编写。

在本书的编译过程中，时任西安交通大学副校长蒋庄德院士、徐宗本院士和宋晓平教授给予我们很多鼓励和帮助，谨在此深表感谢。西安交通大学管理学院名誉院长汪应洛院士、中国科学院大学石勇教授、美国麻省理工学院 Harry Zhu 博士、Xitong Li 博士、西安交通大学郭菊娥教授在书稿翻译、修订和编写中给予我们很多指导、建议和意见，特在此表示感谢。西安交通大学人文社会科学处贾毅华处长等在立项和配套等很多方面给予我们大量支持，在此致谢。我们也非常感恩自己的家人，感谢徐忠锋教授的指导和帮助，以及大家对我们这项工作的理解和支持。

正如本书的书名，编译工作也是自我学习的旅途。无论是大数据还是数据质量都是全新的领域，书中难免有各种各样的不足，我们诚恳地希望读者向我们反馈，相互学习提高。

黄伟、苏秦、冯耕中于西安交通大学

王嘉寅于圣路易斯华盛顿大学

2015年6月

前言

本书汇集了作者和本领域众多学者的研究成果，也包括他们在政府和相关行业实践工作中累积的经验。本书尝试将分别来自于学术期刊和学术实践性会议中的诸多观点、概念予以总结和升华，向读者展现这些观点和概念是如何被许多组织采纳并用作数据质量管理和实践的原则、政策和技术工具的。进一步地，作者将通过具体的现实例子和来自行业的案例对本书中的理论观点和方法加以讨论。

本书的读者群主要是企业的管理层、从事数据质量方面的工作人员、数据质量领域的研究者和学生。对于业界人员，本书有助于深入理解他们所从事工作的理论基础，为将来更好地解决问题并付诸实践做好准备。研究人员能够通过本书了解数据质量理论是怎样被应用到实践中的，进而有助于更加专注于未来的研究领域。而对于学生来说，本书能够提供对于这个领域的宏观认知，为今后在这一领域的学习和研究奠定坚实基础。管理层人员则可能会对本书的前几章和第 11 章（数据质量政策）更感兴趣并得以裨益。

致谢

很多人都为本书的出版做出了贡献。我们感谢匿名评审，是你们看到本书第一稿中的知识和实际潜力，并用心帮助我们形成连贯的书。我们感谢同事们审阅本书，并提出宝贵的意见。在之前的研究和咨询工作中，许多研究和从业人员与我们一起合作，从而奠定了这本书的基础。他们是 Stuart Madnick、Don Ballou、Harry Pazer、Giri Tayi、Diane Strong、Beverly Kahn、Elizabeth Pierce、Stanley Dobbs 和 Shobha Chengular-Smith。Raïssa Katz-Haas 和 Bruce Davidson 为本书中的数据质量实践案例提供了很多素材。

此外，我们感谢产业界的实践者，开放他们的实践环节和机构，并允许我们将此作为我们的实验场。

本书中的一些成果借鉴了其他作者之前的出版物。感谢下列期刊允许我们使用相关内容：Communications of the ACM、Sloan Management Review、Prentice Hall、Journal of Management Information Systems、Journal of Database Management、Information and Management、International Journal of Healthcare Technology and Management 和 IEEE Computer。

麻省理工学院（Massachusetts Institute of Technology，MIT）出版社的 Doug Sery 在整个出版过程中不遗余力地为本书提供独特的见解和毫无保留的支持。

如果没有卓有成效的工作环境，这本书也不可能完成，感谢麻省理工学院信息质量项目、剑桥（Cambridge）研究小组和麻省理工学院全面数据质量管理（TDQM）项目，以及睿智和富于奉献精神的同事们：Tony Nguyen、Karen Tran、Rith Peou、Andrey Sutanto、John Maglio 和 Jeff Richardson，感谢东北大学（Northeastern University）工商管理学院的大力支持，感谢马萨诸塞大学洛厄尔分校（University of Massachusetts Lowell）管理学院的支持。

最后，我们感谢自己的家人，谢谢他们在编写这本书的漫长过程中付出的爱、支持和理解。Albina Bertolotti、Marcella Croci、Karen Funk、Karalyn Smith、Marc Smith、Jacob Smith、Cameron Smith、Kirsten Ertl、Phil Ertl、Austin Ertl、Logan Ertl、Lorenzina Gustafson、Laura Gustafson、Juliana Gustafson 和 Fori Wang，给我们的生活带来这么多快乐和幸福。特别地，我们要感谢我们的父母，谢谢他们培养我们对学习的热爱。

目录

第1章 引言

Jane Fine 是一家全球制造公司的信息系统主管。她正坐在自己的位子上思考着下一步应该怎么办:对于销售副总裁提出的“对某个大客户的销售总量是多少?”的问题,她很难作出回答。因为她知道公司的数据库中存在重复的客户标识和重复的产品代码,这样不恰当的数据库结构及其带来的不准确内容,令她难以回答销售总量的问题。在一千英里①之外的一家大型教学医院,负责医疗事务的常务副总裁 Jim Brace 也正面临着不同的窘境。他刚刚参加了一个由医院负责人召集的会议,州政府的监管机构对医院的数据报告中部分数据的真实性提出了质疑,这导致委员会拒绝批准医院的报告,而医院将因此失去州政府的财政补贴,这一情况必须尽快得到处理。与此同时,政府人力资源部门的高级信息专员 Dean Gary 在审核人事文件时,发现一些文件中的数据与该部门最新的人事报告中的一些汇总数字存在出入,数据存在不一致的现象。尽管这个问题目前还没有被人事工作报告的使用者发现,也暂时没有从其他方面体现出来,但是不可能永远不被发现。

在以上案例中,前两个是信息系统的上层管理者发现的数据质量问题。如果问题继续存在,组织的高层管理者很可能基于低质量的数据作出糟糕的决策。例如,在大型教学医院的案例中,医院负责人对数据质量问题的关注是由外部监管机构的质疑引起的。

在大多数组织中,如何让管理层相信数据质量存在问题,并制定一个正式的数据质量计划,是一项挑战。比如,在全球制造公司中,高层通常要在一个可接受的时间内获取他们要求的数据。对他们而言,这些数据不存在问题。他们也看不到下面的人为了满足他们的数据需求,清理不一致数据所做的额外工作。尽管在修正数据质量问题时花费的时间并不多,但是这些时间本可以用于更加高效地完成其他任务。

在以上三个案例中,管理者们不得不面对他们组织中的数据质量问题。可以猜测大多数组织应该也面临着相似的问题。

---

① 译者注:1 mile = 1 609.344 m。

1.1 信息可以被共享吗

一些组织在执行跨业务的流程,或者尝试跨系统、跨组织交互时,常常难以充分地利用信息。当这些组织相信他们拥有完成业务功能的数据但却不能顺利开展业务时,组织内部就容易产生挫败情绪。例如,某公司希望做一些趋势分析,以便与客户和其他合作者构建更紧密的关系,但是该公司的信息技术部门却经常不能提供客户所要求的整合性信息,或者无法按客户要求的时间提供其所需的信息,这导致公司错过了利用这些收集和储存的信息的最佳时机。更糟糕的是,竞争对手却能迅速反应,战略性地应用类似的信息。

很多组织长期以来都面临这些问题。数据质量问题还可能表现在其他方面,具体包括:

- 许多跨国公司难以管理其全球的数据,虽然这些数据可以用于解决公司当前以及未来全球性的、区域性的业务问题。
- 外部检查使组织内部的数据质量问题浮出水面,正如前面提到的监管机构对医院的医保报销和患者投诉进行审查的事例。
- 信息系统项目也能够揭示出存在的数据问题,特别是一些涉及跨业务的、多数据来源的数据质量问题。
- 组织成员在工作中发现了数据质量问题,却只使用某些变通方法临时满足数据需求,而不是使用或创建永久性的、持续性的解决方案。

1.2 新系统不是解决办法

每一个组织都希望自己拥有高质量的数据,但是常常不知道如何实现这个目标。一类常见的做法是开发一个新系统来取代旧系统,然而常常会在实施之后立即后悔。这是因为公司实施此类方案时,总是重建一套全新的系统,却很少在第一时间考虑原系统存在困难的真正原因——数据质量问题。比如信息系统部门往往热衷于使用最新的技术,开发更流行或更常见的软、硬件解决方案,我们将这种方法称为系统驱动型解决方案。此时,公司采取的方案的真实目标退化为开发新系统,而非修正数据质量问题以提供高质量的数据。显然,这种舍本逐末的新系统非但不能解决原有问题,而且很有可能加剧数据质量问题。即使某个解决方案偶尔会有成效,通常真正造成问题的原因却更容易被掩盖或进一步隐藏。

许多公司误以为使用了最新的软件，比如企业资源规划（enterprise resource planning，ERP）系统或者紧跟潮流地引入一个数据仓库（data warehouse，DW）就会坐享更高质量的数据。公司希望通过这些系统更好地实现公司范围内的信息共享。然而，信息技术部门在整合多来源数据的过程中越来越清醒地认识到，数据定义、数据格式以及数据的值都可能存在大量的不一致现象，但是时间等各方面的压力迫使他们依然继续使用之前存在的同样糟糕的数据。

许多公司感到失望的是，在数据仓库上付出大量努力却没有得到较好的商业价值。在众多案例中，许多采用了 ERP 系统和数据仓库的公司并没有获得最初承诺的预期商业价值。

依然以前面提到的全球制造公司为例，公司试图整合全球范围的销售信息，尽管公司有全部的原始数据，却依然需要花费几个月的时间才能实际提供某个指定客户商业需求的一套有用的数据。存在的问题包括：同一个客户对应多个标识，以及多个客户被赋予同一个标识。此外，子系统中储存的数据在公司层面没有合理的定义和记录，物理数据库并不是一直可以访问的，公司内部没有对概念和术语的定义实行标准化，与标准不同的内容没有被记录或不能被共享，等等。

在此阶段，公司已经在这个项目上花费了大量的预算，管理层还愿意增加预算吗？或者管理层会终止这个项目吗？如果管理层增加预算，但是依旧没有对基础业务和数据质量问题予以足够的关注，上述状况会有实质性的改变吗？公司是否应该致力于创建另一个业务流程，但是与新业务流程相关的费用会不会导致商业价值没有增加？如果管理层终止项目，那么公司共享信息的努力也将终止。此时无论增加预算还是终止项目，公司整体的数据质量都将不会有任何提高。

大多数组织总是狭隘地关注系统层面的问题，却一再忽视数据层面的问题。解决数据质量问题可以增加组织内部共享信息的能力；反之，如果忽视数据问题，大多数系统层的解决方案最终都将失败。那么，如果公司发现自身可能存在严重的数据问题应该怎么办呢？

一些组织通过使用基础性的数据清理软件来尝试改进数据质量。在全球制造公司的案例中，通过初始的数据清理建立了一个可用的数据仓库。然而，随着时间的推移，数据仓库内的数据质量再次急剧下降。在更普遍的案例中，企业通常会指派个别人员去解决特定的数据质量问题，或者某个、某些对数据质量问题感兴趣的人主动解决了其中的问题。但是，不论这些问题是怎样被发现的，无论某个人如何成为问题的负责人，最初的调查和解决方案通常都是临时方案。

许多企业已经应用了多种多样的临时方法，却依然得不到尽如人意的结果。此时，数据质量项目可能会被迅速终止。这种情况下，重新开始新的数据质量方案将变得非常困难。本书中，我们将提供更系统、更全面的基础性解决思路和方案。

1.3 开启数据质量之旅

让我们重温上述案例的场景，看看他们采取了什么后续行动。全球制造公司的 Jane Fine 做了某些调研，在自己的数据库管理经验和数据质量领域知识的基础上，她开始了解业界和学术界的前沿发展和行业状况并参加了多个研讨会。她广泛地搜索外部的资源，试图获取解决问题所需的知识，通过部署技术和流程来改善公司的这一问题。当然，她仍然面临着很多挑战。

在医院负责人的支持下，Jim Brace 编写了一个独立的内部软件来尝试解决问题。在此基础上，他获得了一些反馈建议并得以实施。但是数据质量问题依然存在，所以 Brace 通过查阅全面数据质量管理方面的文献，采用测量的方法实现了数据质量的改善。该方法取得了一定的成功，得益于外部的技术和知识，Brace 采取更主动、更全面的方法设计出一个可持续并切实可行的数据质量方案。

人力资源部门的 Dean Gary 利用经典数据库理论中数据整合的概念和数据挖掘技术解决了他的问题。他使用一种技术手段力求识别出不同类型的数据错误，这可以帮助他解决当前的问题。在数据分析前清理所接收的数据，使之能够提供有效的报告。然而，他无法识别并消除数据不一致现象发生的根源，所以他在每次收到新的数据时，都不得不重复进行数据清理，这促使他开始寻求其他改进数据质量的方法。

三位管理者都有意或无意地踏上了数据质量之旅。有许多不同的路可供选择。如果选择了某条合适的路径，伴随着旅程，数据质量将会不断提升，即使在旅程中会不断遇到新的数据质量问题。这种发现问题、提高质量、解决问题的过程形成一个周而复始的循环。在经历了几个循环之后，低质量的数据对组织的影响将会快速降低。然而，重复过程仍将会继续。问题的解决方案会产生新的问题，这些问题会激发新的需求，而新的需求又会产生新的问题。

1.4 成功开始的故事

许多组织已经走上了数据质量之旅，但多数仅仅是为了尽早地完结这一旅程，而从未意识到在数据质量上持续努力的益处。过早地完结数据质量项目会导致组织反复遭受数据质量问题的困扰。导致数据质量项目过早完结的主要原因是缺乏对这一旅程预期的理解，进而提早泄气并失去坚持的动力。组织应该认识到，数据状况不是一夜之间形成的，也就不能期盼一蹴而就、一劳永逸的解决。

回顾上述案例我们发现，每个管理者从不同的点出发、经由不同的路径，最后都走向相同的目标——一种长期的、可持续的数据质量改善，并采用自己的方法使之适应具体组织的特点。

基于对环境的调研，全球制造公司的 Jane Fine 引入了一个提升数据质量意识的项目。此外，通过测量组织对数据质量的主观评价，进一步测量数据库中的数据的完整度，分析的结果使她开始关注数据不一致的问题。在已经获得某些成功的基础上，她现在能够回答一些问题——比如某一产品在全球范围内对某个大客户的销售总量是多少。这一成功得到了高层管理者的认可，高层管理者任命她领导一个全公司范围内的数据质量项目，Fine 需要考虑她下一步的行动。

在组织人力资源部门的 Dean Gray 能够清理接收的数据并用清理后的数据来准备他的报告。然而，他不得不重复这样的工作。这促使他探寻根除数据错误的解决方案，他发现这些问题的根源涉及超出他控制范围的外部数据资源系统。他现在面临的挑战是选择一个可行的解决方法。

三人之中，医院负责人 Jim Brace 在数据质量之旅中走得最远。由于使用了传统的全面数据质量管理方法，Brace 能够向管理层展示像管理产品一样管理信息的概念，这种管理类似于制造业中实体产品的管理过程。高层管理者赞同这一观点，并委任他领导一个数据质量管理工作小组。此外，高层管理者确定了以奖励为基础的数据质量目标。作为回应，Brace 提出了数据质量政策，得到了董事会的一致认可。得益于明确的数据质量政策，他和工作组进一步绘制了信息产品地图（information product map，IPMAP），进一步帮助他们处理监管机构发现的数据质量问题。

正如以上三个案例所述，每个管理者都面临着不同的挑战，也在积极地应对这些挑战。然而，要想保持稳定的数据质量水平并促使数据质量的长期提高，仅靠指定个别管理者对组织的数据质量进行改进是远远不够的，公司的高层必须参与并指导这个过程。令人十分鼓舞的是，企业的高层管理者已经越来越深入地参与到数据质量项目中来，公司的首席执行官（CEO）参与到数据质量项目的重要性怎么强调都不为过。

1.5 CEO 领导的旅程

CEO 必须有踏入数据质量之旅的愿景。高层管理者很容易轻视数据质量项目,把它们归为低优先级的项目,而更看重资源稀缺的竞争项目。CEO 通常难以意识到低质量数据引起的问题的严重性。具有讽刺意味的是,在 CEO 身后经常有一批人致力于解决数据质量问题,而这无疑是一项昂贵的开支。CEO 有很多理由可以意识到支持数据质量项目的必要性,以及使用低质量的数据很可能会带来的危机。例如在 Jim Brace 的案例中,当监管机构质疑数据的有效性并因此拒绝了医院的管理报告时,相关决定一定会交到医院 CEO 的手中。由于医院 CEO 和其他高层管理者以医院优质的服务和良好的声誉为荣,他们将亲自批准具有战略目标的数据质量项目。当医院 CEO 无法获得所需数据,或者数据冲突浮现,或者使用错误数据制定决策时,他们可能会更直接地遇到问题。

除非遭遇危机或者灾难性的事件,需要反复沟通,对案例进行严谨的分析和推理,得出可以说服 CEO 开展数据质量项目的结论。要取得支持,这种分析必须包括有说服力的价值分析或成本 - 效益分析。然而,一旦拥有 CEO 的全力支持,将对成功的数据质量之旅产生极大的帮助。

1.6 数据质量之旅面临的挑战

数据质量旅程面临的挑战将是众多且棘手的。我们已经认识到第一个,也许也是最艰巨的挑战——获得 CEO 对数据质量项目的认可和支持;其次,我们也需要采用强有力的经济角度的论证、成本 - 效益分析来支持数据质量项目的实施;在整个组织内,宣传推广数据质量意识则是第三个挑战。

获得高层管理者的支持是提高组织内的数据质量意识的第一步,因为提升数据质量意识需要从传统数据质量的视角中扩展和分离出新的视角。

这需要清晰地理解数据质量对组织意味着什么,以及数据质量的重要性。数据质量领域的研讨会常常提到数据与信息的区别、信息与知识的区别,数据、信息和知识是三个不同的概念。当把它们纳入一个层次结构,则知识包含信息,信息包含数据。但是武断地区分数据和信息会使我们偏离首要的工作,而且会妨碍我们对复杂的信息产品系统的理解。

管理者普遍使用的区分数据和信息的传统方法是:数据由原始事实或资料构成,而信息是经过加工的数据。然而,一个人的数据可能是另一个人的信息。

比如,在一个信息系统中,输入是原始数据,输出则是信息。但是,如果输出的信息又输入到另一个信息系统,那么,该输出信息又是输入数据。通常,确认一个过程的输入数据是否是前一个过程的产品(输出)并不必要,因为这种模棱两可的说法或多或少会出现,而且区分它们对于本书中讨论的政策和技术也不实际,所以,本书中替换使用"数据"和"信息"这两个术语。

1.7 数据质量为什么重要

在任何组织中,合理地说明数据质量的重要程度都是非常关键的。从 CEO 到基层管理者,必须给他们提供一个合乎情理的、易于理解的理由来获得他们的支持,继而鼓励组织成员参与到数据质量项目中。常用的理由有:

- 高质量数据是有价值的资产;
- 高质量数据能提高客户满意度;
- 高质量数据能增加收入和利润;
- 高质量数据能成为战略性的竞争优势。

除了这些宽泛的理由外,我们还可以找到更具体的理由。

正如一句格言所说:一分预防胜于十分治疗。在客户关系管理中,防止一个现有客户流失的成本仅是获得一个新客户成本的一小部分。组织不仅需要开发工具和技术来修正数据缺陷,而且必须建立合适的流程来识别和杜绝低质量数据的根源。要获得这种意识需要定量的测量数据质量的主观和客观因素。一个切实可行的数据质量政策将成为数据质量之旅的重要组成部分。

对数据质量的直观刻画是没有意义的。一位美国最高法院大法官曾经说过一句话来解释色情:"当我看到它时,我就知道它是否是色情了。"事实上,数据质量很难定义、测量和分析并改进,但是当看到它时,仅仅"知道"是远远不够的。CEO 能否确信组织的数据质量符合规范?数据是否符合甚至超过数据消费者的预期?在当今的商业和政府运作环境中,越来越多的 CEO 必须面临这样的挑战。举例来说,现行法律——2002 年的 Sarbanes - Oxley 法案①——要求对 CEO 提交的金融报告和数据进行审查。

---

① 译者注:Sarbanes - Oxley 法案始于 2002 年。该法案是在 Enron 公司和 WorldCom 公司曝出财务破产丑闻后,为消除企业欺诈和弊端创立的一部具有历史意义的法规。该法案中以第 404 节条款的影响最大,此条款规定了两个必备的内容:一是公司管理层要对公司内部控制和财务会计报表制定和编制的有效性、真实性负责,二是必须聘请外部审计师对公司内部控制和财务报表进行独立审计并出具审计结果。Sarbanes - Oxley 法案对 IT 服务的成本和质量提出了非常直接的挑战。

除了法律要求外,另一个有助于组织关注高质量数据的原因是:先行者优势。正是因为面临高质量数据的挑战和维持高质量的数据十分困难,那些勇于迎接挑战的 CEO 和他们的组织将会得到丰厚的回报。比如,在组织活动中使用更加准确、可信、及时的数据,将帮助公司增加市场份额、保持市场的领导者地位,以及能够对新的商业机遇、对组织生存潜在的威胁率先采取迅速的行动,这些最终会促进收入、利润的增长和组织形象的提升。这将提高其他企业挑战的难度、增加准入壁垒,从而更好地维持自身的竞争优势。

综上所述,CEO 们必须立刻行动,明确数据质量之旅的愿景! 风险很大,旅途也不会一帆风顺。胜利者引以为豪的是他们引领了数据质量之旅并实现了组织文化的转型,新的企业文化将视高质量的数据与电力、饮用水为同等重要的基础资源。胜利者还将保持他们捕捉创新机遇的先行者优势,使他们能引领并占据市场。

1.8 本书概览

本章引入了三个具有代表性的案例介绍了数据质量之旅。可以认为,高层管理者的参与和对数据质量的关注是数据质量之旅的第一步。在本书后续的章节中,将介绍一些准则、技术、工具和案例来帮助组织踏上这一旅途。

在第 2 章中,我们将讨论成本 - 效益分析并将其应用到数据质量的经济分析中,业界通常称其为进行价值定位(value proposition)。第 3 章概括介绍三种评价一个组织的数据质量的方法,并重点关注三类主体对组织的数据质量的主观评价,他们是数据采集者(data collectors)、数据管理者(data custodians)和数据消费者(data consumer)——合称 3C;在这一章中,还将提供一个主观评价的调查方法。第 4 章讨论客观测量数据质量各个维度的指标,并引入评估数据库中数据质量的技术和软件工具。

第 5 章概括地介绍怎样通过使用相关抽样技术和其他策略来审核数据库,用以评估第 4 章中提到的指标值。由于数据质量是多维度的概念,而且对 3C 的认知不仅会随时间进一步发展也会随时间发生相互之间的变化,因此,组织必须根据其客观环境定义自身的数据质量。第 6 章介绍应对数据质量问题的方法、一系列根源性的问题及其不同的演变路径,并讨论一些针对导致数据质量问题的不良模式的干预措施。

第 7 章介绍一个真实的案例,案例发生在一个尚未发现数据质量问题的医疗保健机构。第 8 章讨论基于数据质量管理的一个关键视角:将信息视为一种产品，而不是副产品；还将介绍四种管理信息产品的原则，而这些原则源自我们十余年的商业案例研究。

第 9 章提出信息产品地图的基本概念，并介绍如何创建并使用这些地图。第 10 章再次引入一个真实案例，并通过这个案例展示许多前述的原则和方法，特别是信息产品地图的应用过程。在第 11 章中，我们强调数据质量政策，并讨论组织应该采取的措施，还将提供一种评估组织的数据质量产品及实践的评价工具。

读者可能会得出结论：数据质量之旅结束于第 11 章。然而，正如我们在最后一章（第 12 章）中所说的那样，事实并非如此！数据质量之旅永远不会终止，随着现有的问题被逐步解决，新问题、新环境也将不断出现，这一旅途也将会继续。第 12 章简要地回顾在数据质量研究和实践中可能会出现的新挑战、新问题和新技术，其中一些仍然处于发展阶段。

人们希望经验和知识会随着旅程的周而复始而增加，从而使每轮提升都显得不那么突兀。虽然路途会不平坦，但却值得我们踏上旅途。

第2章 成本-效益分析

任何一个缺乏经济合理性的企业都是不能持续运营下去的,一个全面的成本-效益分析对于任何数据质量项目都是至关重要的。在数据质量项目的早期,例如在启动大会或者激励演讲前后,组织的管理团队需要立即了解所面对的数据质量和数据质量项目背后的经济合理性,即高质量数据可能带来的价值,或者至少找出低质量数据可能造成哪些机会或者竞争优势的流失。经济合理性能够帮助大家树立数据质量意识,推动可行的数据质量方案的部署,以及其他一些必要的计划。事实上,如果缺乏一定的经济合理性,也就没有必要使用第3~5章中的方法和技术了。

2.1 挑战性

管理层经常忽视数据质量问题,或者他们倾向相信信息技术部门完全可以处理这些问题,即使管理层并没有给他们分配必要的时间和资源。数据质量问题也可能被一层层下属部门的工作所掩盖,因为这些部门在检索不易获得的数据、修正数据的错误和不一致性(缺乏共享性)上耗费的时间和精力并不为管理层所知。所以,管理层获得了他们要求的数据,但是并不能由此就自然而然地意识到产生这些数据所耗费的成本。管理者不会愿意把有限的资源分配到似乎没有明显问题的地方,特别是对于运行正常的组织,管理层往往更不情愿这样做,尤其是当对于数据质量的关注将有可能影响组织形象的时候。此时,一个可靠的成本-效益分析将有助于说明被忽视的数据质量问题的成本和执行对应的数据质量项目的收益。

高层管理者可能不会意识到,低质量的数据对企业绩效产生的直接影响。低质量数据对企业的负面影响已有报道(Redman,1996;English,1999)。数据质量问题导致客户满意度的降低和企业成本的增加。研究认为,数据质量问题会消耗企业8%~12%的收入(Redman,1996)。但是通常情况下,数据质量问题引发的成本并不是清晰可见的,或者缺少定量的描述,从而难以被管理者察觉。相反,管理者易于习惯性地把数据质量问题引发的消耗归结为“普通商业运行成本”的一部分(English,1999)。因为盈亏底线对于任何组织来说都是敏感的,所以有必要用可操作的、有理有据的成本 - 效益分析凸显出需要改变和改善的关键点。

成本 - 效益分析是数据质量项目的基础——它能提高组织的数据质量意识,特别是意识到低的数据质量所增加的成本。低质量数据将导致企业丧失竞争优势,即使这样的丧失不会是立即显现,也一定会在一段时间内有所表现。所以,这样的分析绝不是无关紧要的过程。通过分析,特别是第一次做分析时,可以尽可能直接地把数据质量意识的缺失、组织竞争优势的丧失与数据质量项目联系起来。虽然在首次分析时,可能会缺少作为参考或指导的基准案例,但是我们依然可以借助于组织以外的案例。无论怎样,成本 - 效益分析都是必须执行的。

通常,低质量数据带来的成本比其带来的收益更容易定量分析。许多收益是无形的,由于新技术的实施、业务流的优化和数据质量的提升带来的收益会被分散到整个组织的运营流程中,所以许多收益不易与数据质量措施的实施直接联系起来。尽管无形的成本会增加,但是与其创造的收益相比实在是少之又少。如前所述,当首次分析时,组织缺乏指导和评价分析的基准——这又是一项挑战。

当我们发现通过一些降低消耗或者压缩成本的措施能够带来收益增长时,我们可以量化这些收益的增长。通过识别并列出这些可以节约的成本,我们可以提升组织成员对组织的运营模式、数据质量对组织运营的影响,以及对数据质量重要性的全面认识。然而,有时候即便能够呈现出超过数据质量项目所需成本的显著的收益增长,也难以说服高层管理者启动数据质量项目。此时,管理层关注的重点可能在于实施数据质量项目的成本,而非最终的收益。对于这种情况,我们将在本章的后半部分讨论。

在成本和收益的量化分析中,可以使用一系列经典的技术方法,例如金融和会计领域常用的净现值分析(net present value analysis)、投资回收期(payback)和内部收益率(internal rate of return)等。从本质上讲,当使用这些方法时,我们默认成本 - 效益分析等同于传统的资本计算问题。然而,需要强调的是,这些方法依赖于“可靠的”数据和对资本成本的精确估计。而且,即使有准确的成本和收益数据,如果作为前提的资本成本的价值被证明是错误的,分析的结果也将受到质疑。无论如何,从积极的角度看,这些方法已经被广泛地接受和应用。我们还可以采用更加复杂和更加精准的分析方法,但是这可能需要投入大量的时间来调研以期获得方法需要的数据。所以,如果时间有限,这些方法是不可行的。

另外,随着经济和竞争环境的快速变化,这些方法也需要持续地调整。本章将介绍两种方法:基于期权定价模型(options pricing model)的实物期权法(real options approach)和基于数据流模型(data flow model)的信息产品法。

2.2 成本-收益的权衡

在本节中,我们首先回顾一些成本-效益分析的标准方法,再给出不同的组织使用不同的成本-效益方法的案例。

定量的分析收益和成本是评估数据质量项目的一个直接方法。该方法也经常用于评估信息系统项目,其基础的价值关系是

价值 = 收益 - 成本

继而,问题转化为怎样量化成本和收益,量化成本和收益需要哪些假设,以及如何将无形的收益纳入分析中。

在成本方面,通常我们易于找出直接成本,如劳动力支出、运行和维护数据质量项目的硬件和软件开销;间接成本和管理成本也必须包含在内;此外,我们还需注意隐性成本。而收益方面,我们应该不仅仅找出无形收益,还要尝试量化无形收益。在绝大多数情况下,有形可量化的收益由成本节约量(cost savings)组成,成本节约量是指通过避免数据质量的问题而节约的成本。此外,还可以量化其他能够增加企业竞争力的收益,这些收益甚至会影响到企业的盈亏平衡。然而,后一种量化最难做到,而且事实上这样的情况并不会很多。

接下来,将总结一些组织的数据质量实践者是怎么开展价值主张工作的,关注的重点放在这些组织建议测量的成本和收益上。希望这样的总结,能够有助于读者制定自己组织的成本和收益测量指标体系。

在记录成本和收益之后,我们就能够使用标准化的资本预算模型了,如净现值折现(net present value discounting)、内部投资收益率、投资回收期等。一些组织会明确地指定一种或几种方法。例如美国国防部(U. S. Department of Defense, U. S. DoD)指定使用净现值折现法评价信息系统项目,并进一步指定了其中使用的折现率。

每个组织都有一个首选方法,可能简单也可能复杂,例如,一个数据质量企业在缺乏可靠数据时常常采用某些定性的方法。企业认为:如果有可靠的数据,比如可归因于数据质量改善的财务成本的节省或收益的增加,那么,绝对要使用这些数据;另一方面,如果没有这些数据也不要失望,因为没有这些数据依旧可以做分析。因此,企业提出的分析大多是定性的,比如对问题的一致回答、消除

重复工作、保护知识产权等。对于大多数企业来说,明确地表述无形收益能够为实施数据质量项目提供充足的理由。然而读者也应该认识到,对一些高层管理者来说,如果没有可靠的数据,那么一系列关于无形收益的论述无论多么有说服力都是不够的。

美国国防部建立了一套完整的数据质量管理指导方针(Cykana、Paul 和 Stern, 1996),其中指出导致数据质量问题的原因有四类,包括:

① 过程问题:涉及数据的导入、定位、运行和转换。

② 系统问题:由未记录的操作、意外的修改导致,或者由于不完整的用户培训或用户手册导致的误操作引起。

③ 政策和规程问题:涉及相互矛盾或者不恰当的指南。

④ 数据库设计问题:由于不完整的数据约束引起。

美国国防部的指导方针中指出,数据质量问题的成本应该从解决问题的成本和不解决问题的成本两方面进行评估。不解决问题的成本包括运行失败的直接成本和客户关系损失或品牌形象损失的间接成本,其中直接成本通过人工劳动时间和机器工作时间来估计;而间接成本则是无形的,消除间接成本可以认为增加了无形收益。通过以上内容我们知道,间接成本是存在的,却也是很难量化的。

English(1999)提出了三个类别的成本的概念:低质量数据的成本(costs of non - quality information)、评估检验成本(costs of assessment or inspection)和流程改进与缺陷预防成本(costs associated with process improvement and defect prevention)。低质量数据的成本包括流程失效成本、赔偿责任和风险成本、数据废料的返工成本,以及由此引发的机会成本。进一步地,该成本可以从商业运营和客户关系两个方面进行分析。English 提出,很多成本可以节约形成收益。例如,消除数据废料及其返工成本不仅实现了成本节约,而且在价值等式中可以作为一项收益。在这些成本中,评估检验成本很可能通过减少错误而创造价值,流程再造成本将最大化收益。

Eppler 和 Helfert(2004)进一步提出了一个概念框架,对低质量数据的成本进行分类。这个分类方法将成本分为两个主要类别:由低数据质量导致的成本和提高或保证数据质量的成本。第一类成本进一步划分为直接和间接成本,而这两者还可以进一步细化。直接成本分解为核查成本、数据补录成本和补偿成本;间接成本包括由于更低信誉导致的成本、错误决策或行动导致的成本,以及投资沉没成本。第二类成本分解为预防成本、检测成本和修复成本。同样,它们也都能进一步细化,预防成本包括培训成本、监控成本和标准化开发与部署的成本;检测成本包括分析成本和报告成本;修复成本包括修复计划成本和修复实施成本。

2.3 一个案例

下面我们通过一个真实的案例来展示一个非营利性组织是怎样做成本－效益分析的,并说明为什么在定量分析已经为数据质量改善项目提供强有力支持的情况下,项目仍面临挑战的原因。

NFP(化名)是一个大型非营利性组织。NFP 由全球范围内的众多单位组成,每个单位有自己具体的使命任务,也必须参与合作项目。为了保障 NFP 在全球范围内运营,它建立了一套支持不同单位和项目的集中化服务体系,其中的一个集中式咨询单位是中心信息系统小组。NFP 面临的数据质量挑战之一是保证参考列表的一致性。在位置参考列表中,每个国家对应于一个唯一的短代码。NFP 的每个单位负责维护其参考列表。但是 NFP 有许多不同的标准,使用不同的标准维护特定类型的参考列表会导致表中值的不一致性,进而导致单位之间难以协调。例如,如果从单位 A 运送货物至单位 B,不一致的参考列表可能导致货物运至错误地点,而纠正错误则需要耗费成本。

为了解决问题,NFP 尝试使用新方法和新系统,通过一个单位的试验性研究来验证维护参考列表的方法。与此同时,NFP 建立了一个中心联合信息系统单元。作为数据质量项目的一部分,NFP 考虑令该单元成为所有参考列表的验证中心和最新数据的发布中心。每个单位仍然需要使用试验系统升级其列表,但不同的是所有的单位将使用同一个数据源。

为了评估在整个组织范围内应用新系统的合理性,NFP 进行了一次成本－效益分析作为整体系统可行性研究的一部分。成本－效益分析意味着必须获取所有发生的成本。增长的有形收益实际上是压缩的成本与避免的消耗之和,其来源包括减少重复工作、消除对同一用户多次收费的情况,降低由于不同系统之间验证和确认造成的成本等。NFP 利用净现值折现法分析了五年内的成本和收益,从而使每年的量化值有可比性,如图 2.1 所示。尽管由于某些特殊原因实际的数值改变了,但是这些量化值依然能够反映出成本对收益的实际比率。

虽然成本的绝对值很高,但是有形收益远远高于成本。另外,NFP 能够清楚地确定多项无形收益。这些无形收益被视为有效的收益。囊括以上分析,我们可以向高层管理者讲述一个很好的"故事"。

我们可能希望所做的努力能够立即呈现,但事实并非如此。高层管理者往

成本

	硬件	软件	软件开发	数据库设计和初始投入	系统分析和列表管理	人员与设施	服务	每年的合计成本
初始投入	$ 29 000	$ 190 000	-	$ 2,000	-	$ 800	-	$ 221 800
2004—2005年	$ 17 000	$ 6 000	$ 20 000	-	$ 405 000	$ 8 000	$ 11 000.00	$ 467 000
2005—2006年	$ 27 000	$ 7 000	$ 4 000	-	$ 820 000	$ 17 000	$ 12 000.00	$ 887 000
2006—2007年	$ 78 000	$ 95 000	$ 4 000	-	$ 1 199 000	$ 26 000	$ 13 000.00	$ 1 415 000
2007—2008年	$ 22 000	$ 9 000	$ 4 000	-	$ 1 522 000	$ 33 000	$ 13 000.00	$ 1 603 000
2008—2009年	$ 20 000	$ 9 800	$ 4 000	-	$ 1 804 000	$ 39 000	$ 12 000.00	$ 1 888 800
							前五年的合计成本	$6 482 600

收益

	第一次		循环		
	系统分析	新的列表管理	系统分析	列表管理	合计
2004—2005年	$ 220 000	$ 469 000	$ -	$ 306 000	$ 995 000
2005—2006年	$ 220 000	$ 433 000	$ -	$ 1 635 000	$ 2 288 000
2006—2007年	$ 220 000	$ 325 000	$ -	$ 3 578 000	$ 4 123 000
2007—2008年	$ 220 000	$ 244 000	$ -	$ 4 731 000	$ 5 195 000
2008—2009年	$ 220 000	$ 183 000	$ -	$ 5 596 000	$ 5 999 000
从2004年开始已经分析了300个表和110个系统					
				前五年的合计收益	$18 600 000

投资回报

整个五年的全部成本	$ 6 482 600
贴现率	4.5%
成本的整体现值	**$ 5 580 785**
整个五年的净收益	$ 18 600 000
贴现率	4.5%
收益的整体现值	**$ 15 830 544**
前五年的投资回报率	**184%**

图 2.1 NFP 的成本 – 效益分析

往更关注等式中的成本项,即使收益(包括有形收益和无形收益)明显地高于成本,而且表面价值是可以接受的,管理层还是会觉得成本太高。简单来说,决策的标准是成本的大小,而不是收益的多少。为了评估这一项目,我们必须进行其他的系统性改变,使成本更容易被管理层接受。另一个障碍是 NFP 的组织结构,如果新系统不需要花钱,那么每个单位都很愿意将旧系统过渡到新系统。假定这一政策可以强制执行,只要中心联合信息系统单元承担数据质量项目的花费,也不会有任何问题。然而,如果每个单位都需要为这一项目分配一定比例的预算，那么它们恐怕就没有什么热情参与这个项目了。

在理想情况下，上述成本-效益分析的逻辑应该获胜。然而不幸的是，NFP的情况凸显出提倡数据质量项目将面临的多项问题。许多读者可能很容易识别出这些问题，但又不得不面对它们。许多管理者对成本的偏见，更准确地说是对减少成本的偏见导致他们不太关注未来的、不能立即实现的收益，即通常说的短视。其次，如果每个单位要承担对应的支出并纳入其预算的话，新系统也很难获得不同运营单位的支持。这些单位可能可以预见它们对新系统的需求，但当需要投入资金时，许多单位总能找到"更好"的资金使用方式。最后，成本-效益分析可能带来系统性的改变，也就是流程再造，其原因仅仅是当务之急要大幅度地降低成本（即使收益远远高于成本）使得项目能够进行下去。

2.4 高级成本-效益分析技术

前一节讨论的成本-效益分析使用了经典的系统开发生命周期的标准化方法，该方法在信息管理的教材中经常出现。除此以外，我们也可以使用其他技术进行更深入、更专业的分析。本节中，我们将简要介绍两种方法：实物期权法（real options）和数据质量流程模型（data quality flow model，DQFM）。尽管这两个模型在数据质量领域仍处于发展阶段，但是其基本观点和结构对分析人员做分析会大有帮助。

1. 实物期权法

实物期权是金融定价理论在实物资产中的扩展。该方法从金融理论中发展演化而来，尤其是著名的 Black-Scholes 模型（1973）。实物期权法可以应用于多种类型的商业问题，近几年来，该方法已经成为评估信息系统项目的首选方法。

建议使用实物期权法评估数据质量项目，就像基础设施投资项目、新药物开发项目或者石油勘探项目的评估一样。最近，已有报告介绍了如何使用该技术来确定信息技术项目的优先顺序（Bardhan、Bagchi 和 Sougstad，2004）。如果拟议的数据质量项目属于某种类型的信息技术项目，那么实物期权法可以用来评估这个项目，并分析其在对整体信息系统的投资组合中的优先级。

Amram 和 Kulatilaka（1998）提出了一套实物期权法解决方案的四部曲。

步骤1：构建应用框架，包括识别关键决策、可选择期权、不确定领域等。

步骤2：建立期权评价模型，包括确定模型的输入并选择一个特定的模型。

步骤3：审查结果，包括结果审查、与基准对比、利用比对信息进行分析。

步骤4:重新设计,基于分析结果,决定是否有必要重新设计。如果有必要,检查其他替代方法,可能的话扩展替代方法。

Amram 和 Kulatilaka 在文章中强调,步骤2至关重要。针对步骤2要求建立的期权定价模型,他们提出了三种一般性的解决方法来计算期权的价值:偏微分方程法、动态规划算法和模拟模型法。鉴于这三种方法已经广泛地应用于工程和商业问题的求解,而且其解法和算法超出本书的范围,故在此不再赘述。

Cochran(1997)在研究报告中详细介绍了这些思想在信息系统项目的投资组合中的应用,尤其是用于判断一组项目的优先级问题。Cochran 的方法利用期权嵌套模型,在计算期权价值时考虑项目之间的相互依存关系。此外,Bobrowski 和 Vazquez - Soler 在第9届国际信息质量会议(International Conference on Information Quality,ICIQ)中,介绍了如何将实物期权的概念应用于独立模式下、指定数据质量项目的评估问题(Bobrowski 和 Vazquez - Soler,2004)。

除了上述的尝试,实物期权法在数据质量项目评估方面的应用都需要复杂的分析和计算。分析者必须判断使用实物期权法需要的时间、精力和其他投入是否合理,以及使用标准化的折现方法是否恰当。同样的问题也可以使用数据质量流程模型。

2. 数据质量流程模型

在第8、9章中将详细介绍一个概念——将信息看作一种产品,并建立信息产品地图(IPMAP①)体系。先于成体系的信息产品观点,Wang、Ziad 和 Lee 于2001年提出了第一个基于信息产品地图的模型——数据质量流程模型(DQFM)。该模型能够形式化辅助数据质量的收益的计算。在第9章中读者将会看到,形式化的 IPMAP 也属于这个模型。DQFM 可以作为本章前面介绍的各种方法的替代方法,引导分析人员开发自己的分析方法。这部分的资料来自于 Wang、Reddy 和 Kon(1995)。

设计 DQFM 是为了分析数据质量对业务的影响,其中数据流程的含义与软件工程中的数据流图模型的含义相似。DQFM 基于 Jackson(1963)排队网络模型计算由流程、处理单元和控制单元组成的复杂网络结构的收益(或者成本)。模型可以帮助分析人员计算数据质量问题带来的成本增量,以及解决这些问题需要的各种配置带来的影响,进而用于评估各种质量改进项目。一方面,DQFM 模型引入了从货币角度评估数据质量对业务影响的方法,另一方面最终的成本和收益权衡依然使用了基础的净现值折现法。

① 译者注:在部分文献中,信息产品地图的英文缩写为 IP - Map。

DQFM 包括三种基本结构:数据质量流程、处理单元和控制单元。一个数据质量流程(data quality flow,DQF)描述了一个系统记录或交易的流程,每个流程可以根据其潜在的数据质量问题的类型被唯一的标定。此处的一条基本假设是“数据质量流程是互斥的”,而当出现多重数据质量问题时,一般可以将其纳入几个可能的流程类别之一。在实践中,显然这是一个无效的假设。虽然记录中的一种错误类别可以被修正,但是当该记录再次进入系统时又被计入第二种类别之中。为了简单起见,可以先忽略多重数据质量问题的情况,在出错概率较小时,这样近似对于测量和分析的结果影响不大。

图 2.2 是一个非常简单的 DQFM 例子。如图 2.2 所示,一个 DQF 可能是一条包含无效客户地址(称为无效地址流程)的记录,它并不是一定要代表一个可以辨识的记录的实际流程或路径。然而,在信息系统中的某些阶段,这个 DQF 可以产生与正确记录不同的流程预期。通常,错误流是由一个被检测到的数据质量问题造成的。如果这个错误可以立即以极低的成本被改正,那么这种类型的错误一般不会包括在 DQF 中。在任何情况下,一个信息系统至少有一个 DQF——正确的 DQF。

一个处理单元(processing unit,PU)表示操作者或者系统的一个、一系列的操作,用以转换、传输或改变 DQF。一个 PU 也可以被赋予一个唯一的标识。在 PU 符号中,PU 所对应的实体也需要写出。通常,每个 PU 都有与之相关的成本。如图 2.2 所示,图中的 PU 是一个填写表格的过程,涉及表格的完成。PU 的操作者是可以识别的,如用户、系统使用者,他们完成表格的填写。

控制单元(control unit,CU)是一类特殊的处理单元,代表了使用者或者系统对 DQF 进行检查、验证以及修正错误 DQF 的操作。一个 CU 可以改变一个 DQF,通过将其映射到正确的 DQF 上,甚至可以彻底消除一个 DQF。需要注意的是,正确的 DQF 永远不能被消除。如图 2.2 所示,CU 是检查表格的过程。这个过程先验证填写的内容,然后可能要求用户重新填写表格。本例中,CU 由系统执行,并且要求系统用户重复填写不符合要求的表格。因此,无效地址的 DQF 循环回到 PU——填写表格的过程。这样设计的流程说明,即使用户意识到原始问题,错误也可能再次产生。

上述流程可以用适合的概率方程来表示,以便计算预期的成本和收益。我们建议读者参考 Wang、Reddy 和 Kon(1995)的工作来了解那些公式的细节。使用实物期权法之后,该方法变成分析密集型。组织必须判断这一方法是否适用于其成本 - 效益分析。

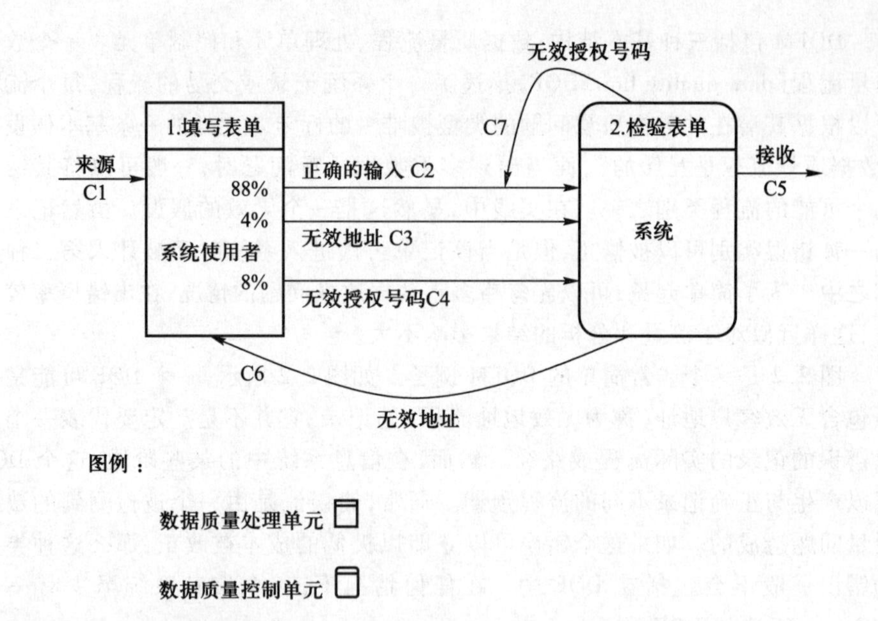

图 2.2 数据质量流程模型(DQFM)举例

来源:Christopher P. Firth, Management of the Information Product, Master's Thesis, Massachusetts Institute of Technology, 1993

2.5 本章小结

成本-效益分析作为决定数据质量项目是否应该执行的重要步骤,长期以来一直是评估所有类型项目的标准方法。然而,这些分析并不容易执行,而且在绝大多数情况下,需要在不确定的环境中执行,对于信息系统项目(包括数据质量项目)的分析尤其如此。

本章中,我们回顾了一些计算成本和收益的标准化技术方法。列举了一些不同类型的成本和收益,当执行成本-效益分析时需要对它们进行评估。简要介绍了两种相对复杂的成本-效益分析方法,这两种方法可以用来评估数据质量对业务的影响,但是使用这些方法将需要密集的、复杂的分析。

基于成本-效益分析,数据质量分析人员将能够更好地表达实施数据质量项目的价值主张,以及这样一个项目对组织竞争地位的影响。

第3章 数据质量评估（一）

你们企业的数据质量怎么样？企业应该怎样分析并提高数据质量？数据质量的评估不仅仅会影响数据质量本身，还包括数据、相关的事务和报表系统，以及采集、存储和使用数据的业务流程。因此，评估数据质量对于提高企业的决策、战略水平和提升企业的绩效至关重要。任何新的系统再工程项目、企业系统项目都能够从数据质量评估中受益。

在数据质量项目中，数据质量评估提供了一整套方法，包括制定基准并定期对比跨数据库、利益相关方和相关部门的现状等。该方法不仅是识别改善数据质量的关键领域的基础性步骤，还将为企业启动全面数据质量项目奠定坚实的基础。

本章和第4章将分别介绍三种评估数据质量的技术，我们将重点说明这些评估技术是如何应用于实际中，并形成不同的数据质量评估方法的。这三种技术分别是：

- 数据质量调查法（data quality survey）；
- 数据质量指标量化法（quantifiable data quality metrics）；
- 全面数据质量管理（total data quality management，TDQM）周期中的数据完整性分析法（data integrity analysis）。

本章将详细介绍如何使用数据质量调查法，以及如何分析和解释调查结果。第4章将重点关注数据质量指标法和全面数据质量管理周期中的数据完整性分析。全面数据质量管理周期包括定义、测量、分析和改善（Total Data Quality Management Research Program，1999）。

3.1 评估技术和相关方法

在上述三种技术中，数据质量调查将得出不同利益相关者对不同数据质量维度的评估，其结果反映了每个受访者对数据质量的感知。数据质量指标量化法是一种评价数据质量的客观测量工具。在使用质量维度之前，组织需要为每个质量维度设定经由集体商定的指标，而后这些指标将被反复使用。数据完整性分析则是直接判断数据库中的数据是否符合完整性约束，而这些结果将在全面数据质量管理周期中执行。在实践中，因为数据库一般都要求输入的数据符合完整性约束，包括用户定义的完整性约束，所以该技术对系统的影响较小，并且一般不需要用户的直接参与。

企业可以使用上述技术或者基于上述技术组合而成的不同策略来评估数据质量。下面介绍三种方法及其实际应用。

第一种是对比法，由 Pipino、Lee 和 Wang(2002)提出。对比法基于数据质量调查和量化的数据质量指标，将调查中收集的数据（利益相关方——不同层次的利益相关者的观点）与量化指标的结果进行对比。对比的结果可以用来诊断需要改善的关键领域。因为这种方法有诊断的特性，为了与另外一种对比法区分，这种对比法又称为诊断对比法。

第二种对比法采用数据质量调查的汇总结果来分析需要优先改善的关键领域，这种方法包括差距分析和基准分析。这里的对比不是两种技术的对比，而是利用调查技术，可以将利益相关者（数据采集者、数据管理者和数据消费者）的观点与产业、行业标准或者最佳先进企业的基准相对比。这种方法属于广义范畴的目标质量（AIMQ）方法（Lee 等人，2002）。

第三种方法由 Lee 等人(2004)提出，该方法将数据完整性分析嵌入面向过程的 TDQM 周期。通过记录不同时间采集的数据完整性分析结果，利用历史记录帮助企业适应环境的变化，并支持一个持续的数据质量改善项目。

所有这些技术都可以根据组织的需求和目标做出调整、进行定制。

3.2 实际中的评价方法

1. 对比方法：主观和客观的评价

数据质量评价的诊断法包括三个步骤。

步骤一：实施数据质量调查，使用数据质量指标测量数据质量维度；

步骤二：对比两种评价的结果，分析两者的差距，并确定差距产生的根源；

步骤三：确定并实施必要的改善行动。

在理想情况下，分析人员应该已知接受评估的组织的一些信息，包括组织内数据质量保障机制的使用程度、不同的利益相关方对这些机制的熟悉程度。虽然这些信息不是必需的，但是它们能够增强对比分析和差距评价，有助于寻找产生差距的根源。图 3.1 描述了该方法的流程。

在实施数据质量调查的过程中，需要采集某些特定数据质量指标的调查结

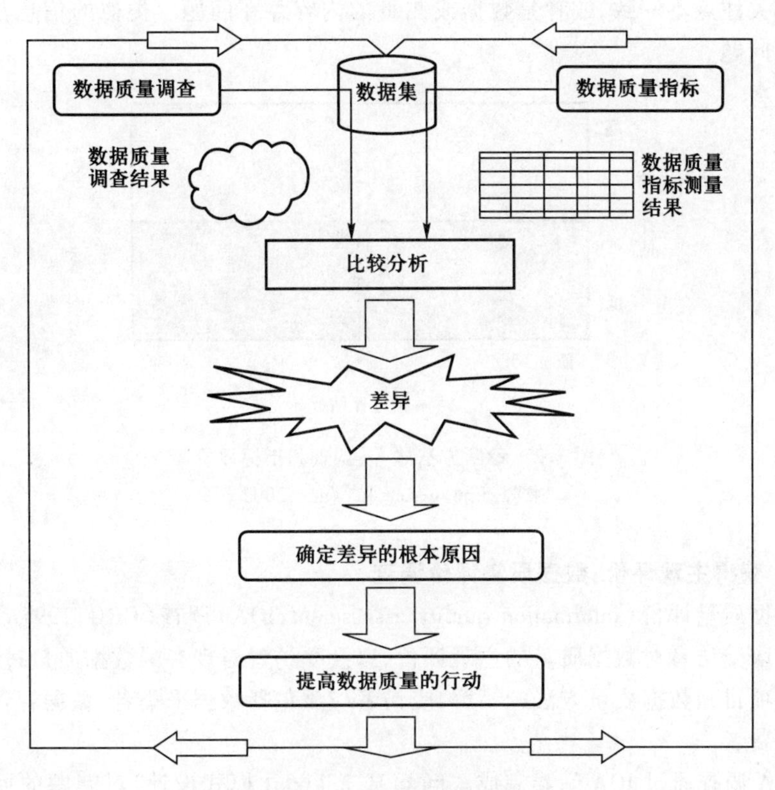

图 3.1　诊断方法流程图

来源:Pipino、Lee 和 Wang,2002

果,而后对比测量的结果。为此,接受评估的组织需要明确不同数据质量指标(变量)之间的重要性和优先级,并定量的设计指标,以便调查时尽可能客观地测量这些指标。

基于测量结果,可以使用一个 2×2 的矩阵来描述调查结果和测量指标的对比分析结果,如图 3.2 所示。理想的对比结果应该落入第四象限,如果对比结果处于第一、二、三象限,则必须进一步探查产生差异的根源并采取改正措施。对于落入不同象限的情况,整改措施不尽相同。例如对某一指标来说,如果评价指标显示数据是高质量的,而调查结果却认为数据是低质量的,即对比结果落入第三象限,那么显然需要调查导致这种差异的原因。一种可能的解释是,过去的数据质量差,即使现在的数据质量确实大幅度提高了,数据质量差的印象仍然存留在受访者的脑海中,因而出现了差异;另一种解释是,客观测量的对象与利益相关者的关注点不一致,或者是数据或测量的内容存在问题。类似的信息都有助于诊断问题。

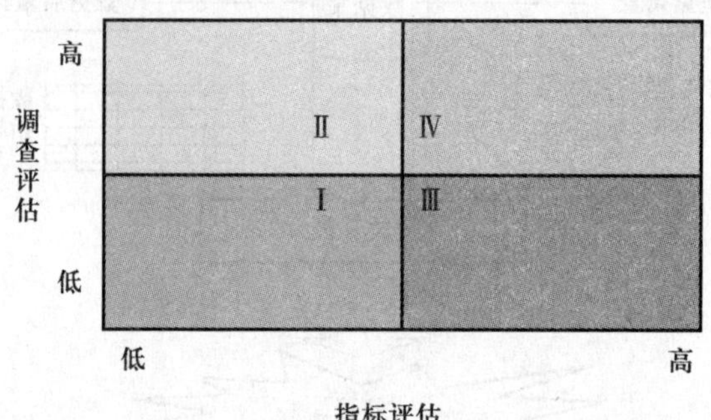

图 3.2　诊断方法之一:调查和指标评价

来源:Pipino、Lee 和 Wang,2002

2. 获得主观评价:数据质量评价调查

数据质量评价(information quality assessment,IQA)调查(CRG,1997a)的目的是获取受访者对数据质量的主观评价,以及受访者对现有的数据质量过程、数据质量项目和数据质量方法的了解,受访者应该包括数据采集者、数据管理者和数据消费者。

IQA 调查通过 IQA 问卷完成。问卷基于 Likert 模式设计,对问题的回答采用从 0 ~ 10 的十个刻度描述,其中 0 表示"根本不",10 表示"完全是"。调查问卷共有八个部分。第一部分确定被评价的数据源的特点和受访者所扮演的利益相关方的角色(数据采集者、数据管理者、数据消费者)。注意,某种角色个体组成的小组的管理者,也应被看作该小组的成员,而非其他角色。第二部分评价数据质量的各个指标。第三部分收集受访者相关知识的信息,涉及数据质量环境(包括是否熟悉现有的数据质量项目,谁对数据质量负责,使用哪些数据质量工具、技术等)。第四部分采集数据质量问题的背景信息。第五至第七部分调查受访者对数据采集、管理和使用方面的了解(包括是什么、怎么做和为什么三个层面)。第八部分是受访者对数据质量指标重要性的评级。本章的附录收录了一份完整的 IQA 调查问卷。

第一部分采集受访人的基本信息,这在随后的分析和诊断中十分重要,它是第二至第八部分获取的信息的背景。特别是当进行跨角色、跨数据库的对比评价时,背景信息更加有用,第二至第八部分的信息可以增强任何分析和诊断的水平。所有这些信息都将作为输入的一部分,用作对比分析、探寻差异根源并解决差异。

为了能更容易地完成调查,我们开发了一套电子版的 IQA 问卷。虽然纸质版和电子版的问卷都已经在许多企业中使用过,但我们推荐使用电子版问卷,因为这样可以直接获取结果。使用电子版问卷的优点是不言自明的,因为答案从数据源——即受访者直接获取是最准确的,而经由中间环节则有可能带来误差。电子版 IQA 问卷的部分内容如图 3.3、图 3.4 所示。

部分1：数据的特征

问卷中所指的信息是：

1. 数据的最初类型

○财务或会计数据
○生产或制造数据
○市场或销售数据
○顾客、客户或患者数据
○人力资源数据
○临床数据
○其他

2. 采集、管理和使用数据活动的复杂性评价

非常简单 ←——————→ 非常复杂

○1 ○2 ○3 ○4 ○5 ○6 ○7 ○8 ○9 ○10

3. 工作部门

○财务、会计
○生产、制造
○市场、销售
○人力资源
○现场操作
○管理信息系统（MIS）
○法律
○战略计划
○高层

4. 您与数据相关的角色中，您最初的角色

○ 采集数据
○在任务中使用数据
○ 作为信息系统专家
○管理采集数据的人
○管理使用数据的人
○管理信息系统专家

图 3.3　数据质量调查问卷的第一部分节选

来源:Cambridge Research Group(CRG,1997a)

图 3.4 中列出了问卷第二部分 69 个问题中的前 16 个问题。受访人通过选择从 0～10 中的某个适当的数值来回答问题。

一些财富 500 强企业和政府机构都曾有效地使用过 IQA 问卷。该问卷使得我们能够分析每个利益相关方对数据质量状态的认知，确定不同的维度相对于不同的利益相关方的重要性。企业使用该问卷后可以与同行业的最佳企业相对比，这样的分析能够帮助使用问卷的企业重视数据质量评估。进而，评估结果可以与客观结果相比较，以充实诊断方法。使用上述方法得出的结果如图 3.5 所示，它展示了三种利益相关角色对数据质量的主观评级。

部分2：数据质量评价

对于下列每条陈述，请标明您选择的陈述与真实情况的符合程度。“信息”是指您所在的组织所选择的、在数据质量调查问卷中报告的数据或数据库	根本不 ←→ 完全是											
	0	1	2	3	4	5	6	7	8	9	10	
信息易于处理以满足需求	○	○	○	○	○	○	○	○	○	○	○	○
信息的含义易于解释	○	○	○	○	○	○	○	○	○	○	○	○
信息以统一的、一致的格式呈现	○	○	○	○	○	○	○	○	○	○	○	○
信息包含所有必要的值	○	○	○	○	○	○	○	○	○	○	○	○
信息易于检索	○	○	○	○	○	○	○	○	○	○	○	○
信息的格式简洁	○	○	○	○	○	○	○	○	○	○	○	○
信息受到保护，以阻止非授权的访问	○	○	○	○	○	○	○	○	○	○	○	○
信息是不完整的	○	○	○	○	○	○	○	○	○	○	○	○
信息呈现存在不一致性	○	○	○	○	○	○	○	○	○	○	○	○
关于信息质量，组织中有不好的声誉	○	○	○	○	○	○	○	○	○	○	○	○
信息是完整的	○	○	○	○	○	○	○	○	○	○	○	○
信息的呈现方式是简明的	○	○	○	○	○	○	○	○	○	○	○	○
信息是很容易理解的	○	○	○	○	○	○	○	○	○	○	○	○
信息是可信的	○	○	○	○	○	○	○	○	○	○	○	○
信息易于集成	○	○	○	○	○	○	○	○	○	○	○	○
对于我们的需求来说，信息是足量的	○	○	○	○	○	○	○	○	○	○	○	○

图 3.4　数据质量调查问卷的第二部分节选

来源：Cambridge Research Group（CRG，1997a）

显然，对于数据质量中的不同指标，不同的利益相关角色持有不同的观点。如图 3.5 所示的结果说明，本例中三种利益相关角色在一定程度上一致认为数据质量是相当不错的，相比而言，管理者对数据质量的评级较低。类似的，对于指标 14“易操作性”，数据采集者与数据管理者的评级也有差异。另外，我们还可以比较不同的利益相关角色对每个数据质量指标重要性的评级。重要性评级

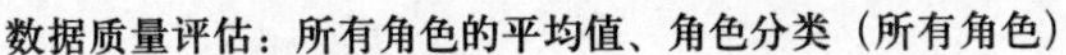

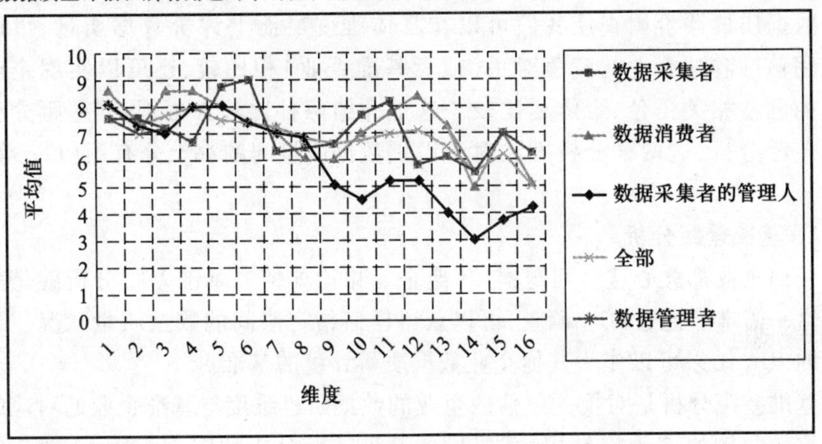

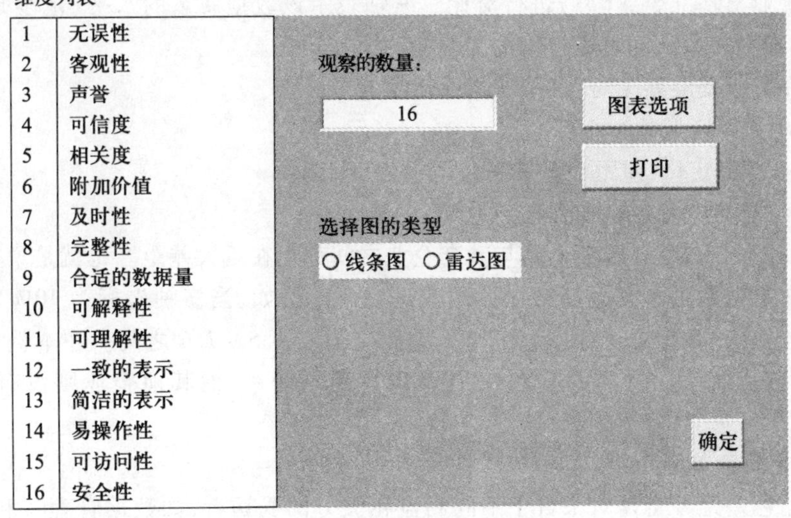

图 3.5　跨角色数据质量评价

来源：Huang、Lee 和 Wang，1999

可以与质量评级相结合,进而获得重要性等级加权的数据质量评级。虽然从统计学理论来看这样的组合可能遭到质疑,但是这种方法可以避免给不重要的指标赋以不恰当的高权重,所以更加实用。

3.3 差距分析技术

数据质量评价调查使我们可以在具体维度层面上评价数据质量,可以实现使用该问卷的企业与竞争对手(或者基准企业)相比较,还可以实现企业中不同的利益相关角色、个体相比较。这里介绍两种比较方法:基准差距分析和角色差距分析,这两种分析方法对于识别数据质量问题都十分有用(Lee 等人,2002)。

1. 基准差距分析

任何企业都关心这个问题:与其他企业相比如何?基准差距分析就是为了满足这一需求。通过 IQA 调查,可以获得任何指定时间的数据质量状况。最佳企业的 IQA 结果可以作为其他企业数据质量评级的基准。

基准差距分析是对接受评估的企业的数据质量维度与基准企业的对应维度进行比较。例如,“数据易用性”维度的基准差距分析如图 3.6 所示,图 3.6 中四个企业与基准企业(#1)进行对比。纵轴表示该数据质量的水平(范围是 0 ~ 10)。横轴表示认同对应评级的受访者的累计比例。

在分析基准差距时,有三项指标需要考虑:

- 差距区域的大小;
- 差距定位:差距在纵轴的位置;
- 差距的大小沿横轴的变化。

如图 3.6 所示,四个企业与基准企业之间都存在巨大差距。也就是说,四个企业在数据易用性方面都有很大的改进空间。例如,当横轴坐标为 10% 时,差距定位在 2 ~ 5.5 之间;而在 60% 时,差距定位在 4.5 ~ 7.6 之间。在本例中,企业#3 与基准企业之间的差距在 70% 以后逐渐变小,而其他企业则没有显著变化。

2. 角色差距分析

角色差距分析是对来自于不同利益相关方的受访者,如数据管理者和数据消费者给出的数据质量评级进行比较。角色差距分析是一项十分有用的诊断技术,能够判断角色差距是否是基准差距的来源之一。跨越角色的评级和对比有助于识别数据质量问题,并进一步为改善数据质量奠定基础。

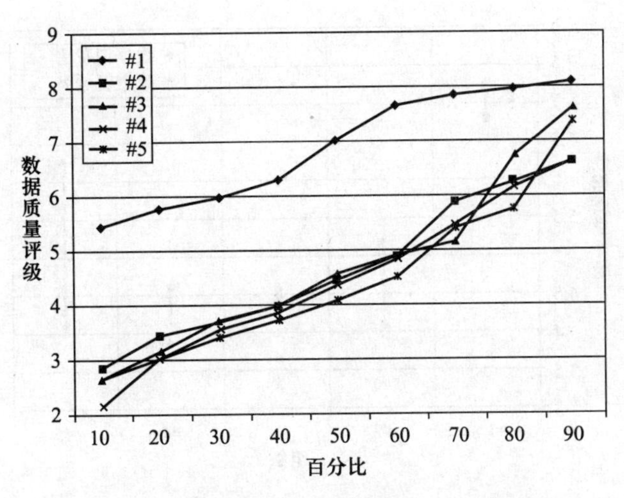

图 3.6 “数据易用性”维度的基准差距分析结果

来源:Lee 等,2002

依然针对“数据易用性”维度,图 3.7 是一张简化的角色差距分析图。纵轴表示该数据质量的评级,横轴依次代表基准企业(#1)和接受分析的四家企业。图 3.7 中的数据点分别表示数据消费者和数据管理者给出的数据质量评价的平均值。菱形和正方形之间的连线的长度表示角色差距的大小。

在分析角色差距时,也有三项指标需要考虑:

- 差距区域的大小;
- 差距定位;
- 差距的方向(正或负)。

如图 3.7 所示,企业#2 和企业#5 的角色差距(连线的长度)明显大于企业#3 和企业#4。这说明在前两家企业中,数据消费者和数据管理者在数据易用性维度的认知存在很大差异。基准企业的差距中点大约定位在 7,这是相当好的,企业#3 的差距中点大约定位在 4.5,这说明虽然两家企业的差距大小相似,但是企业#1 的数据质量要好很多。差距的方向定义为,当数据管理者的评价值高于数据消费者时,差距方向为正。如图 3.7 所示,企业#5 有很大的正差距,而基准企业#1 有较小的负差距。

很大的正差距意味着数据管理者没有意识到数据消费者面临的问题。通常有很大的正差距的企业需要促使数据管理者和数据消费者之间达成共识。如果差距比较小则说明两者对现有的数据质量水平的分歧较小,那么,此时应该进一

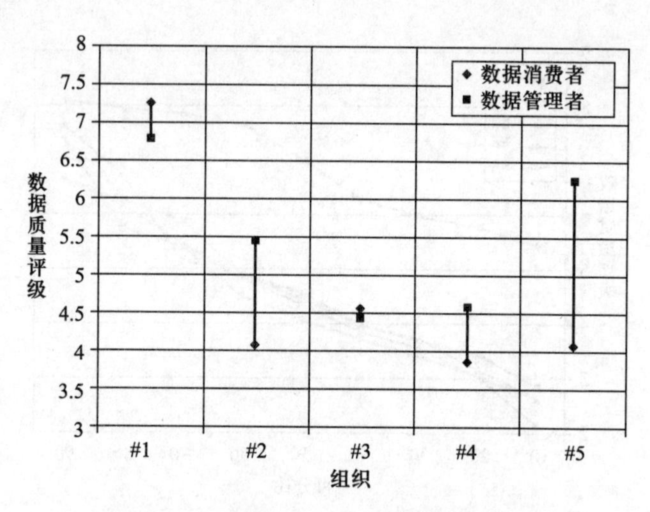

图 3.7 “数据易用性”的角色差距的分析结果

来源:Lee 等,2002

步检查差距中点的定位,把重点应放在改善数据质量上。若差距中点的定位较高,则意味着数据质量较高,适合采取渐进式改进方法;反之,若定位较低,则采取大力提高质量的措施有望得到很好的收效。

3.4 数据完整性评价

评估数据质量的第三项技术是将数据完整性评价融入业务流程中,它是数据整体性原则的评价与面向过程的全面数据质量管理周期相结合的产物。

为了保证数据整体性原则能够反映真实的外部环境动态和全球化的现状,任何企业都需要建立一套流程来指导从真实世界的状况到数据整体性原则的转换。对此,一种解决方法是将数据整体性原则嵌入全面数据质量管理周期中(CRG,1997b)。

改善数据质量的步骤包括:① 定义数据质量对该企业的数据和环境意味着什么,并由此建立数据整体性原则。② 根据这些整体性原则测量数据质量。测量可能只涉及简单的指标,比如违反原则的比例,也可能涉及更详细的指标,比如实际数据和指定的数据质量标准之间的差距。③ 分析问题的根本原因,进而提出改善数据质量、使数据符合数据整体性原则的计划。另外,当所谓的“冲突数据”实际上是正确数据时,数据整体性原则要重新定义。这种重定义操作对于持续改善数据质量是最为重要的,它的存在使得这个过程不再是简单的迭代。

该方法的特点是将数据完整性评价嵌入业务流程中,从而使所使用的数据完整性工具与数据管理流程紧密相关。这是令数据整体性原则更加突出、更加鲜明的一个有效方法,促进组织成员反思规则,也利于成员间、部门间的沟通。因此,此方法支持数据的动态性、全球性的特征。这一技术和具体的数据完整性工具将在第4章中详细讲述。

3.5 本章小结

本章介绍了从三种利益相关者——数据采集者、数据管理者和数据消费者的角度主观评价数据质量的概念,这是一个在企业内提高数据质量意识的重要方面。而后,介绍了两种用以改善数据质量的方法:诊断法和对比法。要使用这些方法,分析人员必须先获取利益相关方对数据质量的主观评价,此任务可以通过数据质量评价调查来完成。这个调查已经被广泛地接受和使用,分析人员可以对通过 IQA 调查得到的信息进行多种多样的分析。如果恰当地应用本章所讨论的方法,就可以有效地在需要做出项目优先级评估和资源优化配置的各种组织环境中进行数据质量评价。

在下一章中,我们将讨论客观测量数据质量维度的问题。作为诊断过程的一部分,我们需要对客观测量数据与主观评估结果进行比较。

附录 数据质量评价调查(IQA)问卷

数据质量评价问卷的更多信息和版本参见 info@ crgz. com。

CRG 数据质量评价调查

您所在组织请求剑桥研究团队(CRG)协助来评估组织的信息。

请评估您所在组织的数据质量。数据质量包含多个维度,这些维度都与数据在组织的任务和决策中是否"满足使用需求"相关。

在开始填写问卷之前,您需要了解将要评估哪些信息,这些被选择参与评估的数据的质量对于您的组织来说非常重要。本研究的参与是完全自愿的行为,如果您拒绝回答一些问题,可以选择不回答。然而,我们依然非常期望和尊重与您合作。评估的成功依赖于您诚实的、经过深思熟虑的答案。

问卷需要花费 7 分钟左右的时间完成,包含以下三个部分内容:

内容一:受访者的信息(1 分钟)。

内容二:数据质量维度的评价(3 分钟)。

内容三:数据质量维度的重要性(3 分钟)。

组织将只得到整体的评价结果,您的个人回答将不会被反馈。

部分1：数据的特征

问卷中所指的信息是：

1. 数据的最初类型

○财务或会计数据

○生产或制造数据

○市场或销售数据

○顾客、客户或患者数据

○人力资源数据

○临床数据

○其他

2. 采集、管理和使用数据活动的复杂性评价

非常简单 ←——→ 非常复杂

○1 ○2 ○3 ○4 ○5 ○6 ○7 ○8 ○9 ○10

3. 工作部门

○财务、会计

○生产、制造

○市场、销售

○人力资源

○现场操作

○管理信息系统（MIS）

○法律

○战略计划

○高层

4. 您与数据相关的角色中，您最初的角色是

○ 采集数据

○在任务中使用数据

○ 作为信息系统专家

○管理采集数据的人

○管理使用数据的人

○管理信息系统专家

部分2：数据质量评价

对于下列每条陈述，请标明您选择的陈述与真实情况的符合程度。“信息”是指您所在的组织所选择的、在数据质量调查问卷中报告的数据或数据库	根本不 ←——→ 完全是											
	0	1	2	3	4	5	6	7	8	9	10	
信息易于处理以满足需求	○	○	○	○	○	○	○	○	○	○	○	○
信息的含义易于解释	○	○	○	○	○	○	○	○	○	○	○	○
信息以统一的、一致性的格式呈现	○	○	○	○	○	○	○	○	○	○	○	○
信息包含所有必要的值	○	○	○	○	○	○	○	○	○	○	○	○
信息易于检索	○	○	○	○	○	○	○	○	○	○	○	○
信息的格式简洁	○	○	○	○	○	○	○	○	○	○	○	○
信息受到保护，以阻止非授权访问	○	○	○	○	○	○	○	○	○	○	○	○
信息是不完整的	○	○	○	○	○	○	○	○	○	○	○	○
信息呈现存在不一致性	○	○	○	○	○	○	○	○	○	○	○	○
关于信息的质量，组织中有不好的声誉	○	○	○	○	○	○	○	○	○	○	○	○
信息是完整的	○	○	○	○	○	○	○	○	○	○	○	○
信息的呈现方式是简明的	○	○	○	○	○	○	○	○	○	○	○	○
信息是很容易理解的	○	○	○	○	○	○	○	○	○	○	○	○
信息是可信的	○	○	○	○	○	○	○	○	○	○	○	○
信息易于集成	○	○	○	○	○	○	○	○	○	○	○	○
对于我们的需求来说，信息是足量的	○	○	○	○	○	○	○	○	○	○	○	○
信息是正确的	○	○	○	○	○	○	○	○	○	○	○	○
对于我们的工作来说，信息是有用的	○	○	○	○	○	○	○	○	○	○	○	○
信息为我们的工作带来了主要的利润	○	○	○	○	○	○	○	○	○	○	○	○
信息易于访问	○	○	○	○	○	○	○	○	○	○	○	○
信息在组织中有好的声誉	○	○	○	○	○	○	○	○	○	○	○	○
对于我们的工作来说，信息是及时的	○	○	○	○	○	○	○	○	○	○	○	○
信息难以解释	○	○	○	○	○	○	○	○	○	○	○	○
信息缺乏足够的安全保护	○	○	○	○	○	○	○	○	○	○	○	○
信息存在一定的可疑性	○	○	○	○	○	○	○	○	○	○	○	○
信息的量难以满足需求	○	○	○	○	○	○	○	○	○	○	○	○
信息难以处理以满足需求	○	○	○	○	○	○	○	○	○	○	○	○

对于下列每条陈述，请标明您选择的陈述与真实情况的符合程度。“信息”是指您所在的组织所选择的、在数据质量调查问卷中报告的数据或数据库	根本不 ←——→ 完全是											
	0	1	2	3	4	5	6	7	8	9	10	
信息不够及时	○	○	○	○	○	○	○	○	○	○	○	○
信息难以集成	○	○	○	○	○	○	○	○	○	○	○	○
对于我们的需求来说，信息不够足量	○	○	○	○	○	○	○	○	○	○	○	○
信息是不正确的	○	○	○	○	○	○	○	○	○	○	○	○
信息不能对工作带来价值的增加	○	○	○	○	○	○	○	○	○	○	○	○
信息的采集是客观的	○	○	○	○	○	○	○	○	○	○	○	○
编码的信息难以解释	○	○	○	○	○	○	○	○	○	○	○	○
信息的含义难以理解	○	○	○	○	○	○	○	○	○	○	○	○
对于我们的工作来说，信息不够及时	○	○	○	○	○	○	○	○	○	○	○	○
信息易于解释	○	○	○	○	○	○	○	○	○	○	○	○
信息量不多也不少	○	○	○	○	○	○	○	○	○	○	○	○
信息是准确的	○	○	○	○	○	○	○	○	○	○	○	○
对信息的访问有足够的限制	○	○	○	○	○	○	○	○	○	○	○	○
信息的呈现是一致的	○	○	○	○	○	○	○	○	○	○	○	○
信息质量是有信誉的	○	○	○	○	○	○	○	○	○	○	○	○
信息易于理解	○	○	○	○	○	○	○	○	○	○	○	○
信息是基于事实的	○	○	○	○	○	○	○	○	○	○	○	○
对于我们的需求来说，信息是足够完整的	○	○	○	○	○	○	○	○	○	○	○	○
信息是值得信赖的	○	○	○	○	○	○	○	○	○	○	○	○
信息与我们的工作是相关的	○	○	○	○	○	○	○	○	○	○	○	○
使用信息增加了我们工作的价值	○	○	○	○	○	○	○	○	○	○	○	○
信息的呈现方式是紧凑的	○	○	○	○	○	○	○	○	○	○	○	○
信息适合于我们的工作	○	○	○	○	○	○	○	○	○	○	○	○

对于下列每条陈述，请标明您选择的陈述与真实情况的符合程度。“信息”是指您所在的组织所选择的、在数据质量调查问卷中报告的数据或数据库	根本不 ←——→ 完全是											
	0	1	2	3	4	5	6	7	8	9	10	
信息的含义很容易理解	○	○	○	○	○	○	○	○	○	○	○	○
信息是可接受的	○	○	○	○	○	○	○	○	○	○	○	○
信息涵盖了我们的任务	○	○	○	○	○	○	○	○	○	○	○	○
信息的表述是简洁明了的	○	○	○	○	○	○	○	○	○	○	○	○
信息增加了我们任务的价值	○	○	○	○	○	○	○	○	○	○	○	○
信息的测量单位是清晰的	○	○	○	○	○	○	○	○	○	○	○	○
信息是客观的	○	○	○	○	○	○	○	○	○	○	○	○
信息只能被那些应该看到它的人访问	○	○	○	○	○	○	○	○	○	○	○	○
信息是足够及时的	○	○	○	○	○	○	○	○	○	○	○	○
信息易于与其他信息整合	○	○	○	○	○	○	○	○	○	○	○	○
信息以统一的格式表述	○	○	○	○	○	○	○	○	○	○	○	○
信息易于获取	○	○	○	○	○	○	○	○	○	○	○	○
信息来自于优质的数据源	○	○	○	○	○	○	○	○	○	○	○	○
当需要的时候，信息可以被快速访问	○	○	○	○	○	○	○	○	○	○	○	○
对于我们的任务来说，信息具备足够的广度和深度	○	○	○	○	○	○	○	○	○	○	○	○
信息展现了公平、公正的视角	○	○	○	○	○	○	○	○	○	○	○	○
信息在我们的工作中是可应用的	○	○	○	○	○	○	○	○	○	○	○	○
对于我们的工作来说，信息是及时更新的	○	○	○	○	○	○	○	○	○	○	○	○
信息是可靠的	○	○	○	○	○	○	○	○	○	○	○	○

返回部分1 | 重置 | 保存 | 保存并转到部分3

部分3：数据质量情景评估

对于下列每条陈述，请标明您认为的组织及其数据质量活动的程度	根本不 ←→ 完全是											
	0	1	2	3	4	5	6	7	8	9	10	
组织采用了全面数据质量管理	○	○	○	○	○	○	○	○	○	○	○	○
组织有识别数据缺陷的方法和工具	○	○	○	○	○	○	○	○	○	○	○	○
在组织中，有专司保障数据质量的人	○	○	○	○	○	○	○	○	○	○	○	○
组织有确保数据一致性的方法和工具	○	○	○	○	○	○	○	○	○	○	○	○
在组织中，员工把持续的改善数据质量作为他们工作的一部分	○	○	○	○	○	○	○	○	○	○	○	○
组织使用全面数据质量管理来控制过程质量	○	○	○	○	○	○	○	○	○	○	○	○
组织有具体的岗位和团队负责数据质量	○	○	○	○	○	○	○	○	○	○	○	○
组织使用Deming、Juran或Crosby提出的流行的质量改善方法来解决数据质量问题	○	○	○	○	○	○	○	○	○	○	○	○
在组织中，有专司解决数据质量问题的人	○	○	○	○	○	○	○	○	○	○	○	○
组织有确保数据完整性的方法和工具	○	○	○	○	○	○	○	○	○	○	○	○
在组织中，有相关的人员负责信息的质量	○	○	○	○	○	○	○	○	○	○	○	○
在组织中，员工参与改善数据质量的活动	○	○	○	○	○	○	○	○	○	○	○	○
组织有确保数据正确性的方法和工具	○	○	○	○	○	○	○	○	○	○	○	○
组织提供了集成、处理和总结数据的软件	○	○	○	○	○	○	○	○	○	○	○	○
组织设立了数据字典，能够将不同设备、不同部门之间的数据定义标准化	○	○	○	○	○	○	○	○	○	○	○	○
在组织中，员工能采取行动提高数据质量	○	○	○	○	○	○	○	○	○	○	○	○
组织最近将数据转移到不同的硬件或软件系统	○	○	○	○	○	○	○	○	○	○	○	○
在组织中，确保数据的质量是使用数据的人的职责	○	○	○	○	○	○	○	○	○	○	○	○
组织有新的软件（数据库）来管理和储存数据	○	○	○	○	○	○	○	○	○	○	○	○
在组织中，按需改进数据是相对容易的	○	○	○	○	○	○	○	○	○	○	○	○

返回部分2　　重置　　保存　　保存并转到部分4

部分4：背景信息

4.1 请简单地解释，数据以何种方式对组织是重要的

4.2 数据质量问题的例子

4.2a 请描述组织中的数据质量问题

4.2b 问题是怎样被发现的

4.2c 问题是如何被解决的

4.2d 有没有合适的或者长期的解决方案

4.3 您的背景

4.3a 您在公司工作了多久

O 少于 1 年
O 1~5 年
O 6~10 年
O 超过 10 年

4.3b 您有几年的工作经验
O 少于 1 年
O 1~5 年
O 6~10 年
O 超过 10 年

4.3c 您从事目前的工作有几年了
O 少于 1 年
O 1~5 年
O 6~10 年
O 超过 10 年

4.3d 最高的教育水平或学位
O 高中学历
O 副学士学历
O 学士学位
O 硕士以上学位

4.3e 性别
O 女
O 男

返回部分3	重置	保存	保存并转到部分5

部分5：数据采集

对于下列每条陈述，请标明您认为的关于信息的知识和组织中数据采集的真实程度	根本不 ←→ 完全是											
	0	1	2	3	4	5	6	7	8	9	10	
我知道哪个团队在采集信息	○	○	○	○	○	○	○	○	○	○	○	○
当在信息采集流程中出现常规问题时，我知道如何处理	○	○	○	○	○	○	○	○	○	○	○	○
我知道信息的来源	○	○	○	○	○	○	○	○	○	○	○	○
我对于信息采集流程有足够的了解，知道为什么信息没有被正确地采集	○	○	○	○	○	○	○	○	○	○	○	○
我知道信息采集流程问题的解决方法	○	○	○	○	○	○	○	○	○	○	○	○
我知道信息采集流程发生的问题	○	○	○	○	○	○	○	○	○	○	○	○
我不能找出信息采集流程中出现的新问题的原因	○	○	○	○	○	○	○	○	○	○	○	○
我不知道信息的来源	○	○	○	○	○	○	○	○	○	○	○	○
我知道采集信息很困难的原因	○	○	○	○	○	○	○	○	○	○	○	○
我知道信息采集流程中修正缺陷的标准流程	○	○	○	○	○	○	○	○	○	○	○	○
我知道信息由谁创建	○	○	○	○	○	○	○	○	○	○	○	○
我能够找出信息采集流程中出现的新问题的原因	○	○	○	○	○	○	○	○	○	○	○	○
我知道采集信息的步骤	○	○	○	○	○	○	○	○	○	○	○	○
当在信息采集流程中出现典型问题时，我知道如何处理	○	○	○	○	○	○	○	○	○	○	○	○
我不能诊断出采集的信息为什么有缺陷	○	○	○	○	○	○	○	○	○	○	○	○
我不知道采集信息的常规方法	○	○	○	○	○	○	○	○	○	○	○	○
我可以发现信息采集流程中出现的新问题	○	○	○	○	○	○	○	○	○	○	○	○
我不知道哪个团队在采集信息	○	○	○	○	○	○	○	○	○	○	○	○
我知道如何处理采集信息的后续问题	○	○	○	○	○	○	○	○	○	○	○	○
我知道采集信息的流程	○	○	○	○	○	○	○	○	○	○	○	○
我不知道如何处理信息采集流程的常规问题	○	○	○	○	○	○	○	○	○	○	○	○

返回部分4　　重置　　保存　　保存并转到部分6

部分6：数据存储

对于下列每条陈述，请标明您认为的关于信息的知识和组织中数据管理的真实程度	根本不 ←——→ 完全是											
	0	1	2	3	4	5	6	7	8	9	10	
我知道在系统中存储和维护信息的流程	○	○	○	○	○	○	○	○	○	○	○	○
我知道存储在数据系统中的信息存在的一些问题	○	○	○	○	○	○	○	○	○	○	○	○
我知道如何处理在系统中存储信息的后续问题	○	○	○	○	○	○	○	○	○	○	○	○
我知道哪个团队负责维护数据系统中的信息	○	○	○	○	○	○	○	○	○	○	○	○
我可以发现在数据系统中存储和维护信息过程中出现的新问题	○	○	○	○	○	○	○	○	○	○	○	○
当信息存储出现问题时，我知道如何处理	○	○	○	○	○	○	○	○	○	○	○	○
我知道系统中的哪些软件用于存储信息	○	○	○	○	○	○	○	○	○	○	○	○
当在信息存储流程中出现常规问题时，我不知道如何处理	○	○	○	○	○	○	○	○	○	○	○	○
我知道在系统中存储信息的流程	○	○	○	○	○	○	○	○	○	○	○	○
我知道为什么信息难以访问	○	○	○	○	○	○	○	○	○	○	○	○
我知道我们的计算环境足以分析某个信息没有被恰当存储的原因	○	○	○	○	○	○	○	○	○	○	○	○
我知道为什么在系统难以存储信息	○	○	○	○	○	○	○	○	○	○	○	○
当在信息存储流程中出现常规问题时，我知道如何处理	○	○	○	○	○	○	○	○	○	○	○	○
我知道由谁管理数据系统中的信息	○	○	○	○	○	○	○	○	○	○	○	○
我知道信息处理问题的解决方法	○	○	○	○	○	○	○	○	○	○	○	○
我知道信息难以以易于解释的形式被存储的原因	○	○	○	○	○	○	○	○	○	○	○	○
我不知道如何处理在数据系统中存储信息的后续问题	○	○	○	○	○	○	○	○	○	○	○	○
我不知道哪个团队负责维护数据系统中的信息	○	○	○	○	○	○	○	○	○	○	○	○
当在系统中存储信息时，我知道改正信息缺陷的标准流程	○	○	○	○	○	○	○	○	○	○	○	○
我知道哪个系统存储信息	○	○	○	○	○	○	○	○	○	○	○	○
我知道在系统中信息为什么以某中形式呈现	○	○	○	○	○	○	○	○	○	○	○	○

返回部分5　　重置　　保存　　保存并转到部分7

部分7：数据使用

对于下列每条陈述，请标明您认为的关于信息的知识和组织中数据使用的真实程度	根本不 ←→ 完全是											
	0	1	2	3	4	5	6	7	8	9	10	
我知道哪个团队在使用信息	○	○	○	○	○	○	○	○	○	○	○	○
当在信息使用流程中出现问题时，我知道如何处理	○	○	○	○	○	○	○	○	○	○	○	○
我知道使用信息的流程	○	○	○	○	○	○	○	○	○	○	○	○
当在信息使用流程中出现常规问题时，我不知道如何处理	○	○	○	○	○	○	○	○	○	○	○	○
我可以发现新任务需求带来的信息使用中的新问题	○	○	○	○	○	○	○	○	○	○	○	○
我可以诊断信息使用流程中的问题	○	○	○	○	○	○	○	○	○	○	○	○
我知道需要使用信息的任务	○	○	○	○	○	○	○	○	○	○	○	○
我不知道改正信息使用缺陷的标准流程	○	○	○	○	○	○	○	○	○	○	○	○
我不能找出信息使用流程中出现的新问题的原因	○	○	○	○	○	○	○	○	○	○	○	○
我知道获取信息的计算机接入程序	○	○	○	○	○	○	○	○	○	○	○	○
我知道在确保信息的正确使用中存在一些问题	○	○	○	○	○	○	○	○	○	○	○	○
我知道哪个个体或团队在使用信息	○	○	○	○	○	○	○	○	○	○	○	○
当信息使用流程中出现典型问题时，如解释问题或可访问性，我知道如何处理	○	○	○	○	○	○	○	○	○	○	○	○
我不能发现新任务需求带来的信息使用中的新问题	○	○	○	○	○	○	○	○	○	○	○	○
我不知道如何处理在信息使用流程中的后续问题	○	○	○	○	○	○	○	○	○	○	○	○
当在信息使用流程中出现常规问题时，我知道如何处理	○	○	○	○	○	○	○	○	○	○	○	○
我知道某个信息对应的使用流程	○	○	○	○	○	○	○	○	○	○	○	○
我不知道哪个团队在使用信息	○	○	○	○	○	○	○	○	○	○	○	○
我可以找出信息使用流程中出现的新问题的原因	○	○	○	○	○	○	○	○	○	○	○	○
我知道在信息使用中改正缺陷的标准流程	○	○	○	○	○	○	○	○	○	○	○	○

返回部分6　　重置　　保存　　保存并转到部分8

部分8：重要性评判

对于下列每条陈述，请标明您认为的任务中使用信息的重要性水平	根本不 ←→ 完全是											
	0	1	2	3	4	5	6	7	8	9	10	
能够获得数据，或者说能够容易地、快速地获得数据	○	○	○	○	○	○	○	○	○	○	○	○
对于当前的任务来说，数据量合适	○	○	○	○	○	○	○	○	○	○	○	○
数据是真实可信的	○	○	○	○	○	○	○	○	○	○	○	○
数据是完整的(不存在空缺的值)并且广度和深度上都能够满足当前任务的需求	○	○	○	○	○	○	○	○	○	○	○	○
数据以简洁的形式被呈现	○	○	○	○	○	○	○	○	○	○	○	○
数据以一致的形式被呈现	○	○	○	○	○	○	○	○	○	○	○	○
能够容易地处理数据，使之能够应用于不同的任务	○	○	○	○	○	○	○	○	○	○	○	○
数据是准确、可靠的	○	○	○	○	○	○	○	○	○	○	○	○
数据以合适的语言、符号和单位表述，且对应的定义清晰	○	○	○	○	○	○	○	○	○	○	○	○
数据是无偏差的、无偏见的，是公正和公平的	○	○	○	○	○	○	○	○	○	○	○	○
数据能够应用于当前的工作，并有助于完成当前的任务	○	○	○	○	○	○	○	○	○	○	○	○
数据的来源和内容被高度认可	○	○	○	○	○	○	○	○	○	○	○	○
数据的存取被适当地限制，数据的安全性有保障	○	○	○	○	○	○	○	○	○	○	○	○
对于当前的任务，数据应该是最新的	○	○	○	○	○	○	○	○	○	○	○	○
数据易于理解	○	○	○	○	○	○	○	○	○	○	○	○
数据是有价值的，通过使用数据能够获得一定的优势	○	○	○	○	○	○	○	○	○	○	○	○

返回部分7	重置	保存	保存完成

来源：CRG，1997a

第4章　数据质量评估（二）

在诊断调查中必须量化数据质量维度测量，而诊断法的核心思想是将调查得到的主观评价结果与量化指标进行对比，所以，本章将重点关注量化指标。当组织开展数据质量评估时，必须自主决定测量什么，即数据质量的哪些维度对组织的使命和业务至关重要，这是每个组织都必须对照自己的业务做出的决定。

我们提出的数据质量量化指标建立在科德的数据库完整性约束（Codd，1970）和部分数据质量维度（Wand 和 Wang，1996；Wang 和 Strong，1996）的基础上。我们希望这里讨论的指标可以直接使用，更希望可以作为读者适应自己组织的需要而开发新指标的依据。在本章中将要介绍的很多公式由 Pipino、Lee 和 Wang（2002）提出。

4.1　科德完整性约束

科德的数据库完整性约束包括：

- 实体完整性（entity integrity）；
- 参照完整性（referential integrity）；
- 域完整性（domain integrity）；
- 列完整性（column integrity）。

此外，科德还引入了第五个通用完整性约束，称为业务规则（business rule）。引入业务规则的目的是为了获取并使用组织特定的完整性原则。用于测量前四项约束的指标可以视为“任务独立指标”，它们独立于数据的用途，换句话说，它们适用于任何数据。

实体完整性要求数据表的主键字段的值不为空（数据库系统中常标注为 NULL）。反映符合此规则的程度的指标

$$\text{实体完整性的程度} = 1 - (\text{主键为空的行数}/\text{总行数})$$

参照完整性要求数据表的外键值必须匹配于一个指定的主键值，否则外键值必须为空。类似的，测量符合参照完整性规则的程度的指标

$$\text{参照完整性的程度} = 1 - \left(\frac{\text{不包括从属表中空值的不匹配值的行数}}{\text{从属表的总行数}}\right)$$

列完整性要求列(一个字段)的值来自一个允许值的集合。同样的,测量符合列完整性规则的程度的指标

列完整性的程度 =1 -(无效列值的数量/表中的总列数)

可以注意到,上述三个指标的范式都是简单的比率,符合以下的一般形式

比率 =1 -(不良结果的数量/总的结果数量)

这个形式遵循如下的约定:1 表示最理想的结果,0 表示最不理想的结果。一般来说,人们倾向于统计违规的数量,而不是符合规则的数量。因为在人们的期望中违规的数量应该较少,这样统计可以相对简单。无论怎样,这些指标必须能够反映出实体完整性的符合程度。对于大多数简单的比例指标,建议使用这一形式。接下来,将讨论其他相对复杂的维度以及它们的测量指标。

4.2 数据质量指标

1. 基本形式

评估数据质量需要评价一系列的数据质量维度。组织必须明确哪些维度对自己重要,并精确地定义这些维度。对于包含多个变量的维度来说,哪些变量重要也是需要由组织自己决定并定义的。选择测量变量比定义指标更加困难,一方面指标经常被简化为比率形式;另一方面,很多变量是与环境相关的,因而对同一维度的测量方法可能因组织而异。

下面将分析一些可以用于评估数据质量的维度,选择的这些维度对于许多组织而言都利益攸关或者特别重要的。

(1) 无误性(free of error)

当提到数据是否正确时,通常会使用"准确性"这个术语。然而,准确性维度本身也可以由一个或者多个变量组成,其中的一个基本变量则是"数据是否正确"。所以,此处使用"无误性"来指代该维度,代表数据是否正确。如果简单地考虑所有错误数据单元的数量之和,那么该指标具体为

$$\text{无误比率} = 1 - \left(\frac{\text{错误的数据单元数量}}{\text{数据单元总数}}\right)$$

显然这个公式需要进行改进,至少需要一些额外的信息。例如,数据单元指的是什么?它是一个域、一条记录,还是一张数据表?又如,错误由什么组成?测量精度是什么?例如,很可能出现的一种情况是,在一些情景下文本字符串中个别不正确的字符是可以容忍的,而在另外一些情景下所有的字符都必须是正确的。这说明指标的定义依赖于环境,而定义则必须明确。因此,我们特别强

调，定义要考虑不同的数据库环境和不同的利益相关方。

(2) 完整性(completeness)

第二个有用的维度是数据完整性。完整性维度至少可以从三个角度来看，分别是架构完整性、列完整性和数据集完整性。架构完整性是指架构的实体和属性没有缺失的程度。列完整性是指一张表中的一列没有缺失的程度。科德列完整性等价于当该列代表实体属性时的列完整性检查。数据集完整性是指数据集中应出现的数据成员没有出现的程度。例如，如果某列应该包括美国所有的州，但是只出现了 43 个州，那么它的数据集就是不完整的。

每个完整性类型都可以用以下的简单比率来测量

$$完整比率 = 1 - \left(\frac{不完整的数据单元数量}{数据单元总数}\right)$$

(3) 一致性(consistency)

一致性维度也可以从几个角度来看。比如，人们可能关注一张或者多张表中的多副本数据的一致性问题。科德参照完整性是一致性类型的一个实例。第二种一致性是两个相关数据元素之间的一致性。比如，城市的名字和邮政编码应该是一致的——输入邮政编码以后，系统应该能够根据邮政编码及其参照完整性自动填写城市名。第三种一致性强调的是不同的表中相同数据元素形式的一致性问题。这不是必需的，而是根据具体环境而定的。测量以上三个变量的指标可以是

$$一致比率 = 1 - \left(\frac{违反一致性的数据单元数量}{数据单元总数}\right)$$

2. 汇总形式

前面列出了几个数据质量指标的基本形式，包括无误性、不同类型的完整性和一致性。而有时我们需要对多个指标汇总，例如汇总 n 个独立指标(变量)的值。

这时可以使用最小值或最大值函数来汇总多个数据质量维度，函数的参数包括该维度的所有数据质量指标。最小值方法比较保守，它将多个指标归一化后(0 到 1 之间)的最小值赋给维度。相反，最大值方法则比较宽松。

令 M_i 表示某维度第 i 个变量的归一化值，其最小值函数是

$$\min(M_1, M_2, \cdots, M_n)$$

其中，$M_1, M_2, \cdots, M_n$ 为归一化的维度评估变量。

最大值函数是

$$\max(M_1, M_2, \cdots, M_n)$$

其中，$M_1, M_2, \cdots, M_n$ 为归一化的维度评估变量。

除了最大、最小值方法以外,还可以用加权平均法。例如,如果一个组织对某个维度的各个变量相对于整体的数据质量评估的重要性有十分明确的认识,那么,使用加权平均法更为适合,其具体如下

$$比率 = \sum_{i=1}^{n} a_i M_i$$

其中,a_i($0 \leqslant a_i \leqslant 1$,且 $a_1 + a_2 + \cdots + a_n = 1$)是权重因子,$M_i$ 是第 i 个变量的归一化值。

两个典型的适用于最小值方法的维度分别是数据可信度和适量性。

(1) 数据可信度

数据可信度是指数据的真实程度和可信程度。对于可信度来说,分析人员可以使用第3章中介绍的IQA调查法来获得主观评价,或者将它定义为一个多变量函数。后者适用于通过最小值方法或者加权平均法生成汇总比率。可信度常常反映的是个人对数据源可信程度的认可度、对数据及时性的感觉,或者对数据相对常用标准的评价。可信度可以定义为

$$可信度 = \min \begin{cases} 数据源的可信度 \\ 与内部的惯用标准相比的可信度 \\ 基于数据年龄的可信度 \end{cases}$$

这些变量的取值都在0至1范围内。整体的可信度进而被赋值为三者中的最小值。例如,如果数据源的可信度比率为0.6,与内部的惯用标准相比的可信度是0.8,基于数据年龄的可信度是0.7,那么整体的可信度是 $\min(0.6, 0.8, 0.7) = 0.6$。

对可信度和其他类似维度进行加权平均时要格外注意数据类型。通常人们默认处理的是区间数,从而对数据进行适合于区间数或者比率的操作。可是如果数据是序数,那么这些操作就不合适了,其结果反而会导致对数据的错误解释。

(2) 数据适量性(appropriate amount of data)

最小值方法也适用于计算数据的适量性。数据适量性表现为数据量既不太少也不太多,具体来说

$$数据适量比率 = \min\left[\frac{提供的数据单元数量}{需要的数据单元数量}, \frac{需要的数据单元数量}{提供的数据单元数量}\right]$$

3. 复杂形式(complex forms)

及时性和方便性是实践中特别重要的两个维度。在测量这两个维度时,既可以用非常直接的、简洁的指标,也可以建立复杂的模型。下面简要地介绍两个维度的测量方法。

(1) 及时性(timeliness)

及时性维度反映的是对于使用该数据的任务来说,数据更新的程度。测量及时性的通用指标由 Ballou 等人(1998)提出

$$及时性比率 = \left\{\max\left[0,\left(1-\frac{现值}{波动}\right)\right]\right\}^s$$

其中,现值 = 发布时间 - 输入时间 + 年限,发布时间是数据发布给用户的时间,输入时间是系统接收数据的时间,年限是系统第一次接收数据时的数据年龄,波动是指数据保持有效的时间长度。敏感性指数 s 的取值因任务不同而异,控制指标对其中参数的敏感程度。例如,如果在没有敏感性调节($s=1$)时及时性比率是 0.81,那么当 $s=2$ 时比率是 0.49(更敏感,及时性降低更快),而当 $s=0.5$ 时比率是 0.9(不敏感)。

对于一些组织来说,可能没有必要使用一个复杂的测量指标。比如,基于数据年龄可能已经足以测量及时性了。所以同样的,所有这些指标都依赖于它们应用的环境。

(2) 可访问性(accessibility)

可访问性维度反映的是获取数据的难易程度,其定义强调了时间在可访问性指标中的重要性。

可访问比率 =

$$\left\{\max\left[0,\left(1-\frac{从数据消费者请求数据到数据交付的时间间隔}{从请求数据到数据不再有任何使用价值的时间间隔}\right)\right]\right\}^s$$

如果数据能够在变成无用数据之前被交付使用,那么这些数据可能还有一些用处,但显然不如更早地被交付时那么有用。所以,可访问性指标权衡了用户需要数据的时间和提供数据所需的时间。当获得数据的时间增加到令最大值函数的第一项为负时,可访问性为 0。

该指标将时间作为测量可访问性的尺度。根据需求,分析人员也可以基于数据路径的结构关系及路径长度来定义可访问性。如果认为时间、结构和路径长度都是影响可访问性的重要因素,那么可以对这些指标进行测量后用最小值方法获得整体的测量值。

上述两个指标基于最大值函数的一般形式是

$$比率 = \left\{\max\left[0,\left(1-\frac{变量1}{变量2}\right)\right]\right\}^s$$

该形式的维度在权衡两个变量时很有用,其中 s 是敏感性参数。

4.3 自动化的测量方法

基于麻省理工学院团队的全面数据质量管理(TDQM)研究,开发了一套数据完整性分析工具 CRG(1997b),该工具结合了定义、测量、分析和改善的 TDQM 方法论与数据库域、实体、参照、列的科德完整性约束,以及用户自定义的业务规则。

下面将说明怎样应用这个完整性分析工具来测量实体完整性,实体完整性检查的是每张表的所有主键和候选键是否非空且唯一。

要检查实体完整性,工具的使用者(即分析人员)需要从数据完整性下拉菜单中选择"实体完整性",并选择"定义"选项卡。在"定义"列表框中,使用者选择每个表的主键和候选键字段。然后,使用者选择"测量"选项卡,让系统测量违反实体完整性原则的记录数量。在评价完成后,使用者可以选择"分析"选项卡,使违反原则的统计数据以数字、图表或者报告的形式呈现出来。选择"改善"选项卡,可以显示一个违反原则的数据对象实例。参照完整性、列完整性检查的使用方法类似。图 4.1 展示了相应的定义、测量、分析和改进实体完整性功能的软件使用截屏。

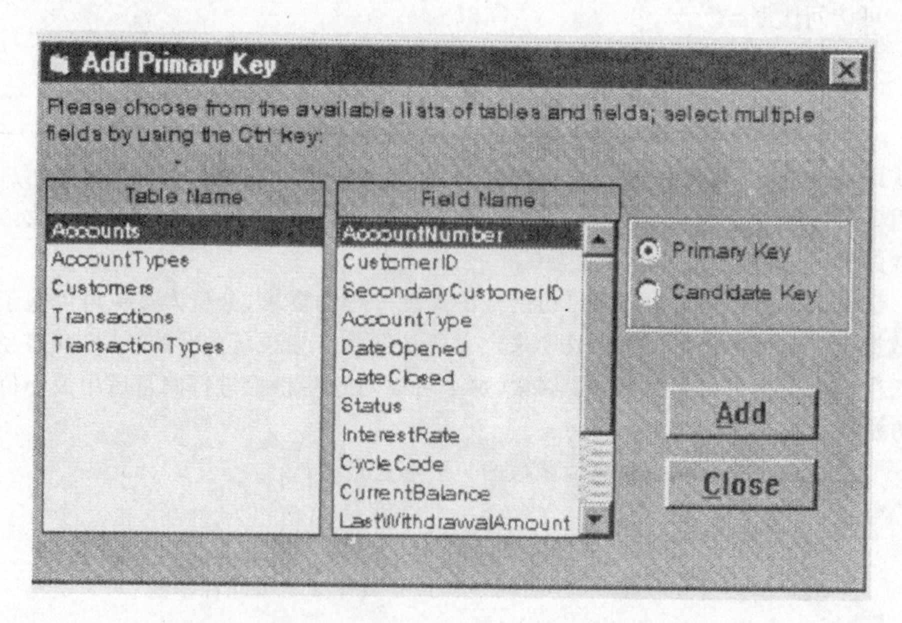

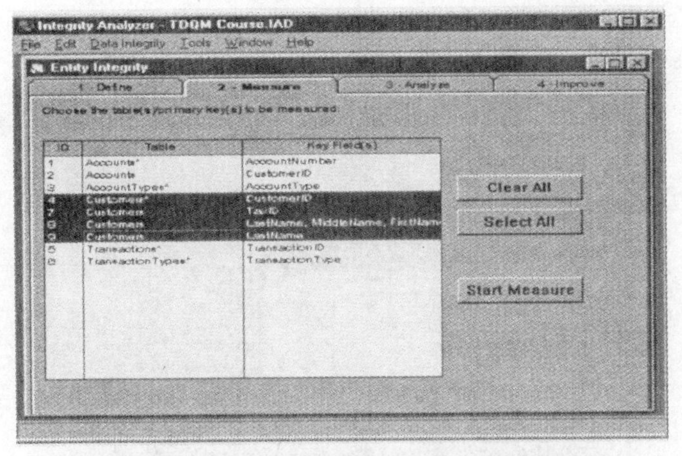
Integrity Analyzer - TDQM Course.IAD
File Edit Data Integrity Tools Window Help
Entity Integrity
1 - Define
2 - Measure
3 - Analyze
4 - Improve
Choose the table(s)/primary key(s) to be measured
ID Table Key Field(s)
1 Accounts* AccountNumber
2 Accounts CustomerID
3 AccountTypes* AccountType
4 Customers* CustomerID
7 Customers TaxID
8 Customers LastName, MiddleName, FirstName
9 Customers LastName
5 Transactions* TransactionID
6 TransactionTypes* TransactionType
Clear All
Select All
Start Measure

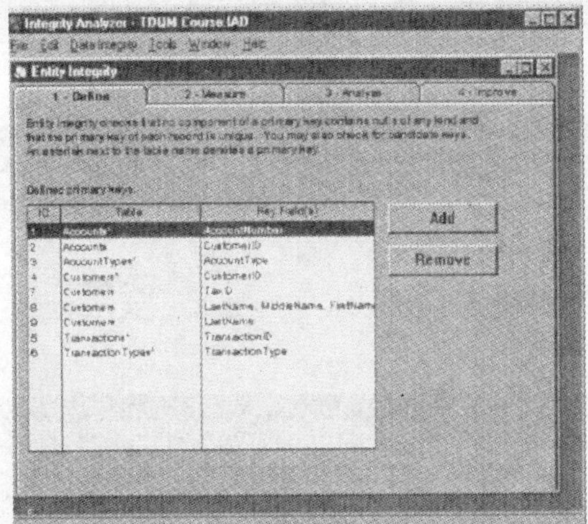
Integrity Analyzer - TDQM Course.IAD
File Edit Data Integrity Tools Window Help
Entity Integrity
1 - Define
2 - Measure
3 - Analyze
4 - Improve
Defined primary keys:
ID Table Key Field(s)
1 Accounts* AccountNumber
2 Accounts CustomerID
3 AccountTypes* AccountType
4 Customers* CustomerID
7 Customers TaxID
8 Customers LastName, MiddleName, FirstName
9 Customers LastName
5 Transactions* TransactionID
6 TransactionTypes* TransactionType
Add
Remove

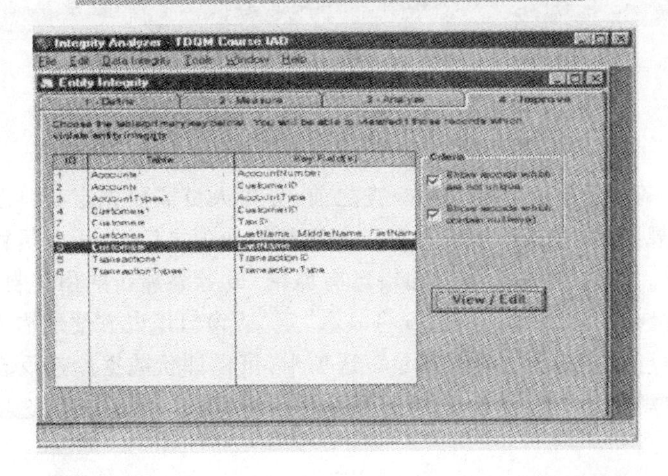
Integrity Analyzer - TDQM Course.IAD
File Edit Data Integrity Tools Window Help
Entity Integrity
1 - Define
2 - Measure
3 - Analyze
4 - Improve
ID Table Key Field(s)
1 Accounts* AccountNumber
2 Accounts CustomerID
3 AccountTypes* AccountType
4 Customers* CustomerID
7 Customers TaxID
8 Customers LastName, MiddleName, FirstName
9 Customers LastName
5 Transactions* TransactionID
6 TransactionTypes* TransactionType
Criteria
View / Edit

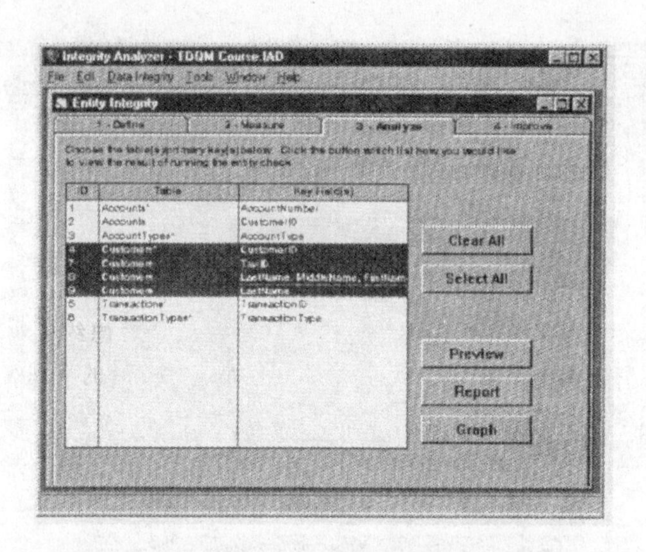

Entity Integrity - Violation Records

CustomerID	TaxID	FirstName	MiddleName	LastName	City	State
763640814319913	696-12-2960	Lourdes M		Barrios	DELRAY BEACH	FL
212001067898228	803-67-5418	Dolores		Barrios	WILMINGTON	MA
555636784369955	295-14-1662	Jeffrey		Bergelson	CASSELBERRY	FL
234323461401846	820-02-3984	Jeff		Bergelson	PLEASANT VALLEY	NY
041410660203082	712-02-1212	Leandra		Brantle	WOODSTOCK	GA
603643680523326	488-85-5408	Leandrea		Brankle	WOODSTOCK	GA
810083016773862	766-13-2584	Kelvin		Brooks	TOANO	VA
570536072572889	252-00-5879	Edward		Brooks	SHRUB OAK	NY
276619643701615	230-60-3267	Kelvin		Brooks	BENSALEM	PA

Entity Integrity Results Preview

ID	Date	Time	TableSize	# Not Unique	# Null	Total
4	6/10/97	1:44:26 PM	1180	0	0	0
7	6/10/97	1:44:26 PM	1180	0	0	0
8	6/10/97	1:44:26 PM	1180	34	1180	1180
9	6/10/97	1:44:26 PM	1180	278	0	278

图 4.1　实施实体完整性测量

来源:Cambridge Research Group(CGR 1997b)

在进行基于特定商业规则的检查之前,分析人员需要先定义自己的完整性原则(业务规则)。在选择了用户自定义完整性选项之后,分析人员可以看到已定义的条件。此时,使用者可以编辑已有原则,或者添加新的用户自定义原则。如果使用者选择"添加",那么系统将显示"定义"窗口用以方便地输入定义的条件的必要信息。如前例,选择"测量" 选项卡,可以评价数据库违反自定义原则的程度;选择"分析" 选项卡,则可以显示评价结果;选择"改善" 选项卡又将显示违反原则的实例。

用户自定义的约束是依赖于应用的。这些规则随应用的不同而不同,随需求的不同而不同。此外,这些依赖于应用的约束也随时间而改变。通过将用户自定义原则编入软件,完整性分析工具可以为特定的产业中特定的组织来定制方案。

完整性分析工具不仅仅是一个关系型数据库的科德完整性约束的检查工具。常用的商业关系型数据库管理系统(relational database management systems, RDBMS)一般会在数据进入数据库时检查其是否符合科德约束。与之不同的是,完整性分析工具是一个诊断工具,它不仅仅是评价现有的数据库符合科德约束的程度,更是对因人而异的自定义原则的符合程度进行评价。作为一个诊断工具,它不但能够分析数据库当前的质量状况,而且能够提出改进建议。

显然,分析人员可以自行开发上述功能而独立于数据库功能。这个例子的目的是展示如何自动地评价一些指标。至于具体实施,则由使用的组织根据具体情况而定。

这里需要重点关注的是测量一系列数据质量变量和维度的方法。有时候要测量的数据量会很大,在第5章中,将进一步讲述如何使用抽样技术审计大型数据库。

4.4 嵌入过程的数据整体性方法

第3章已经简要介绍了嵌入TDQM过程的数据整体性方法,这里将展示Glocom——一家全球消费品制造商——使用这种方法的案例。本案例节选自一个大型的实例研究项目(Lee等人,2004)。

Glocom是一家跨国消费品制造公司,在52个国家设有下属子公司,主要生产与健康、清洁相关的产品和家庭用品。其企业文化秉承友好、国际化、非对抗性的理念。Glocom的信息技术装备非常先进,公司通常会尽早地采用新的信息技术和实践成果。公司拥有现代化的数据库系统,并在数据质量改善项目的试验方面有好几年的经验。

Glocom在最初的几个TDQM周期中将重点放在列完整性上,将完整性分析工具嵌入到日常过程中。因为已有系统中没有一贯要求的列完整性规则,所以分析人员预计到会有违反整体性的情况发生。表4.1中总结了五种行动措施以及对应的TDQM周期。

表 4.1　嵌入过程的列完整性实例

行动措施	工作内容
识别问题	对于发货数据的 CASE_BK 列,可接受的数据应该是非负的(定义) 检查发货数据的 CASE_BK 列是否有负值(测量)
诊断问题	审核违反原则(CASE_BK 列为负)的记录(分析) 数据质量经理与销售经理交流,确定负值的有效性(分析)
计划解决方案	销售经理确认,负值表示取消的订购数(分析) 数据质量经理和销售经理一致认为,这种情况容易使人混淆(分析) 在销售经理的支持下,数据质量经理决定针对取消订购的情况添加新的字段(分析)
实施解决方案	添加的新字段“取消订购”(CASE_CNL 列),并添加到发货数据中(改善) 将“取消订购”数据添加到新字段,并从 CASE_BK 列删除(改善)
思考和学习	数据质量经理学会怎样使用嵌入过程的数据整体性工具辅助解决问题 销售经理学会例外情况的处理过程,知道要及时与数据质量经理进行沟通 这种渐进地、迭代地改善列完整性的过程促进了数据质量经理和销售经理的沟通

• 识别问题。列完整性的“订购箱数不能为负”的约束经由完整性分析工具检测,确有违反原则的情况发生。图 4.2 中列出了部分订购箱数(CASE_BK)是负数的情况。

CASE_BK	DOL_BK	AST_CUST_ID	PROD_ID	WK_ID
-17	0	69000	90095	199841
-7	0	69000	90096	199841
-6	0	155450	1943	199738
-1	0	348000	90097	199643
-12	0	465600	90095	199633
-49	0	541800	90095	199710

图 4.2　案例的列完整性检测结果

• 诊断问题。分析人员检查出这些违反原则的情况,并把它们交给数据质量经理寻求解释。数据质量经理根据经验推测出现负值的可能含义:取消订货。而后,数据质量经理从销售经理那里确认了这一解释。

• 计划解决方案。通过上述诊断结果,分析人员和管理者一同寻找出一个解决方案,保证新方案能够记录“取消订货”,同时又不干扰“订购箱数”列的标准解释。他们决定建立一个新字段“取消订货”,再将“订购箱数”字段中的负数删除。

• 实施解决方案。改变反映在所有相关的数据层面上，不仅是数据仓库，还包括操作型的数据库。

• 思考和学习。为改善列完整性而采用渐进的、迭代的过程促进了数据质量经理和销售经理的沟通，有利于对列完整性做出持续性的、循环的改善。数据质量经理也学会了使用嵌入过程的数据整体性工具来添加新约束，并随着新要求的出现修正约束。例如，要检测由销售产生的新数据时，数据质量经理将新增的用户自定义原则编入工具中。随着时间的推移，销售经理也学会了处理例外情况的流程——遇到例外情况时会直接与数据质量经理沟通。

这个案例展示了一个随着时间的推移常常遇到的问题：现有数据的字段被用于原定义之外的其他用途。正是数据的动态特征导致了这种现象的出现。本例中，“订购箱数”的列完整性仍然是最初定义的，新添加的字段用来代表“取消订购”。而在其他情况下，列完整性定义也可能有所调整以适应修正后的字段用途。当数据库自动检查并强制要求完整性约束时，销售人员如果需要输入不符合约束的数据，比如负的订购量，那么他应该按照标准流程正式的请求数据库变更。要意识到，实际操作中关系型数据库管理系统的完整性约束可能被滥用，比如用正值配合注释字段中记录的“取消”来记录已取消的订购箱数，因此，仍然有必要定期对列完整性进行检测。

4.5 本章小结

本章中，推荐了一些定量指标可以使用的规范形式，并给出了一系列具体的指标来说明如何评价对应的数据质量维度。

然而，良好的指标定义并不能取代实际测量。分析人员往往更喜欢用一个自动化的软件来测量这些维度，通过手工计算来审计大型数据库是一项非常繁重的任务。为了展示如何使用这类工具进行大规模的自动化测量，本章介绍了一个整体性分析工具软件包的原型。已经有很多企业使用了该工具测量它们数据质量。进一步的，还介绍了如何将完整性分析等工具嵌入到 TDQM 过程中。

在对大型数据库进行大规模测量时，逐一检查每个数据单元是不可行的，此时必须使用抽样技术。

第5章 保证信息质量的抽样方法

在针对大型数据库或者数据仓库的测量中，普查的方法往往是不可行的，因为对这类数据库或者数据仓库而言，仅一个表格就可以包含上百万条记录。此时，普查每个数据单元显然太过费时费力。因此，分析人员有必要采取抽样的方法，并面对由此带来的诸如风险水平（抽样误差）和期望、可接受的精度等一系列问题。

在本章中，将首先回顾抽样的概念和一些方法，讨论如何将这些方法用于审计（测量）数据库、数据仓库的数据质量，然后介绍基于关系数据库系统的架构，如何将这些方法通过数据库结构化查询语言（structured query language，SQL）付诸实践。

5.1 基本概念

在回顾抽样的基本概念时可以将这些概念置于测量数据库或者数据仓库这样的特定情境之下。关于一般的抽样方法和技术的细节则可以参考抽样理论领域的经典教材（Cochran，1977；Yamane，1976）和审计领域的教材（Guy、Carmichael 和 Whittington，1998）。

在统计学中，抽样方法一般被分为概率抽样和非概率抽样。这两类抽样方法的区别在于，概率抽样已知从总体中抽取某个单元的概率，而非概率抽样则是未知的。在非概率抽样中，即使样本相对于总体具有代表性，也难以估算基于样本的统计结果的代表性。所以，大多数研究采用概率抽样方法，这也是本章的讨论重点。

在深入探讨抽样的细节之前，先概要性地列出抽样过程的几个要点：

首先，确定抽样的目标。例如，在某环境中，要确定数据库中一张表的数据错误率，此时，抽样的目标就是获得一个尽可能接近总体的错误率的估计。对于大多数需要通过抽样获得的测度而言，对于总体的估计常常是一个比值，例如这里的错误率或者正确率。

其次，要清晰地定义元素（elementary）或基本单元，以及总体。总体是基本单元的集合。在审计数据库时,最常见的基本单元就是记录,而总体则是数据表中所有的记录。需要注意的是,即使抽样的对象只是记录中的特定字段而非完整的记录,基本单元仍然是一条记录。这是因为在统计中,一个字段只是基本单元的一个变量。对于不同的基本单元,其变量值也不尽相同。

不失一般性,进一步介绍抽样单元和帧(frame)的概念。抽样单元可以与基本单元相同,也可以不同。不同时,实际抽样数就是抽样单元。对于大型数据库或者数据仓库来说,数据表的一行既是基本单元又是抽样单元是十分罕见的。帧是抽样后的数据总体,一帧代表一个总体。具体到数据库环境,帧由数据表的所有记录组成,等同于总体。在更普遍的情况下,帧可以与总体不同,但是一定可以很好的代表总体。

此外,分析人员还需要明确精度和置信水平。所谓精度,是指重复抽样试验中在特定置信水平下可以接受的误差,这将直接影响所需的样本量。因此,需要在精度、置信水平和样本量之间寻求平衡。显然,样本量越大,精度越高。

最后,要明确测量的方法。这里的“方法”是指抽样出的数据的测量方式,而不是抽样设计——即如何抽样。对于一个数据库来说,就是直接测量(观察)指定的数据元素。需要指出的是,在本书第3章数据质量评价问卷中,如果抽样对象是利益相关方的某个人,测量方法就应该使用问卷调查法。

举一个简单的例子来形象地呈现以上概念。例如,某数据库中有一张客户数据表,需要估计数据表中客户住址一栏是空白的记录个数占记录总数的比例,这就是抽样的目标。基本单元是数据表的一条记录,即客户数据表的一行。总体是客户数据表的全部记录。考虑抽样单元与基本单元相同的情况,此时抽样单元也是数据表的一条记录,即一行,对应的帧则是整个客户数据表。方法是直接观察抽样出的数据——判断住址栏空与非空,可以将样本估计精度设定在0.05以内,置信水平为95%。

另一个例子,如果想知道某数据库中,主键(primary key)为空的比例。基本单元仍然是一行,但是抽样单元和帧却是不同的。假设这个数据库非常大,无法对数据库的每个数据表做抽样,只能抽取一些数据表再进一步抽取基本单元。此时,抽样单元是一张数据表,而帧则是被抽取的数据表中所有的基本单元。

我们的最终目标是获得一个对于对应总体的参数的良好估计。为此,必须选择一个有效的抽样过程以及合适的样本量。

5.2 选择抽样过程

在数据质量分析中有很多不同的抽样过程可供选择，选择哪个抽样过程主要取决于要研究问题和客观条件的约束。一种典型的解决方案是，首先选择合适的抽样过程，再对缺陷率(proportion of defectives)等参数进行估计，确定某一置信水平下的精度，最后用以确定合适的样本量。

可供选择的抽样过程很多，以下四种常见的抽样过程可供数据质量分析人员选择。

1. 简单随机抽样

使用一个随机数生成器设定样本数。假设待抽样的数据表包含 N 行记录，需要抽取的样本数是 n。使用一个随机数生成器，生成 n 个介于 1 至 N 的随机数，每个数对应的行被抽取。

2. 系统抽样

系统抽样是简单随机抽样的一种变形。假设待抽样的数据表包含 N 行记录，需要抽取的样本数是 n。首先，生成一个随机数抽取对应的行，然后从这行开始每隔 k 行抽取一行，其中 k 是与 N/n 相关的参数。在实践中，系统抽样比简单随机抽样更容易操作。

3. 分层随机抽样

如果分析人员认为数据质量不是均匀分布的，比如对于某个字段来说，在一些记录中出现错误的概率比在另外一些记录中出现错误的概率更高，那么抽取的样本也应该能够充分地代表这两类不同的记录。分层随机抽样方法的思想是，将待抽样的记录分成若干层级，确保同一个层级的记录的数据质量大体相同，再对每个层级分别做简单随机抽样。例如，某个数据表中，每个记录都是按照关键字段的值升序排列，同时我们知道，关键字段的值高的记录相比于关键字段值低的记录更容易出现错误，此时就应该采取分层随机抽样，将数据表分成两个层级，然后对每个层级随机抽样。

4. 聚类抽样

进一步的，聚类抽样是根据指定的标准将待抽样的总体聚类成若干集合，然后随机抽取部分集合，接着既可以对集合进行普查，也可以对集合再抽样。这种方法更适用于数据仓库。当需要审计由异构数据库整合而成的数据仓库时，或难以普查每个数据库时，聚类抽样是很好的选择。此时，每个数据库即为一个集合，再对集合进行普查或者抽样。

在这四种抽样过程中，简单随机抽样使用最为广泛。

5.3 确定样本量

确定样本量是非常重要的。虽然客观条件的约束是重要的考量，但是最主要的还是用户可以接受的误差。鉴于多数与数据质量相关的度量采用的都是比例形式，样本量的估算公式为

$$n = z^2 p(1-p)/e^2$$

其中，n 表示样本量，p 表示对比例的初步估计，z 是标准正态分布双尾检验的统计量，e 是所需精度或预期误差。事实上，我们很难对 p 进行估计，因为当 p 为 0.5 时，样本量达到最大值。若没有其他对 p 的先验，0.5 是可行的。但是，分析人员常常需要假设其他 p 值。所以通常的做法是，先抽取一组初步的样本来估计 p 值。只要待检测数据的缺陷率在 30% ~70% 之间，上述公式就是适用的。

用一个简单的例子来说明上述估算：依然假设需要估计数据表中客户住址一栏是空白的记录个数占记录总数的比例，在 95% 置信区间内（$z=1.96$）可接受的误差为 0.01。首先，估计真实比例为 0.5。此时，样本量 $n=(1.96)^2(0.5)\cdot(0.5)/(0.01)^2=9\,064$。如果数据表包含 100 万行，那么只需要抽样 1%。

如果缺陷率很低，那么可以采用另一类估计样本量的方法。这类方法通常要通过大规模抽样来保证良好的估计效果。其中，一种方法是预先设定一个缺陷记录数量 m，然后进行抽样，直到抽样出的缺陷记录数量达到预设值。此方法虽然可以简单的计算缺陷率，却不是一个非常实用的方法，因为抽取的样本数量是一个随机变量。

另一个常用的经验法则是，抽样中有缺陷的记录的数学期望不小于 2 时（Gitlow 等人，1989），最小样本数满足不等式 $n \geqslant 2.00/(1-\Pi)$，其中 Π 表示可接受的记录出现的概率（Π 通常采用经验值）。显然，大样本量带来更精确的估计和更高的置信水平。

与前例相同，令 $z=1.96$，可接受的误差为 0.01，根据经验估计 Π 值应为 0.999（0.1% 的可接受误差）。此时，根据经验法则，最小的样本量为 2 000；相反，如果使用样本量估算公式，最小的样本量仅为 39，这显然是低估的。

5.4 交易数据库的抽样

在第 4 章中提到的各项数据质量指标都需要合理估计。合适的抽样方法和样本量并不能取代抽样设计。下面介绍如何借助关系数据库管理系统的结构化查询语言(SQL)来实现抽样设计。SQL 易于构建,并可以应用于抽样过程。从某种意义上说,软件使得评估过程自动化。此外,第 4 章中提出的各项完整性分析也可以辅助应用于抽样过程。

SQL 的运算符、函数和条件语句对于实现前述测量方法十分有用。例如,COUNT 函数可以返回满足指定条件的或者含有指定信息的记录数。例如,若某客户数据表包含四个字段:CUSTOMER_ID(客户编号)、CUSTOMER_NAME(客户名称)、CUSTOMER_ADDRESS(客户地址)和 CUSTOMER_BALANCE(客户账户余额)。简单起见,假设客户地址存储在一个字段,即 CUSTOMER_ADDRESS 中[①]。例如,使用 SQL 语句返回记录数

```
SELECT COUNT (CUSTOMER_ID)
  FROM CUSTOMER;
```

如果需要计算 CUSTOMER_ID 为空的记录数,那么使用语句

```
SELECT COUNT (CUSTOMER_ID)
  FROM CUSTOMER
    WHERE CUSTOMER_ID IS NULL;
```

再如,如果需要计算客户账户余额在 $ 0 至 $ 100 万之间的记录数,那么使用语句

```
SELECT COUNT (CUSTOMER_ID)
  FROM CUSTOMER
    WHERE CUSTOMER_BALANCE BETWEEN 0 AND 1000000;
```

又如,如果需要计算客户账户余额值在这个范围之外的记录数,那么使用语句

```
SELECT COUNT (CUSTOMER_ID)
  FROM CUSTOMER
```

---

① 译者注:在美国,绝大多数信息系统将地址分成五个字段:Address Line 1、Address Line 2、City、State 和 Zip Code。Address Line 1 填写门牌号和街道名称,Address Line 2 不是必填项,通常填写房间号码,后三个字段分别是城市或者镇的名称、州名、5 位或者 9 位的邮政编码。

```
WHERE CUSTOMER_BALANCE < 0 OR CUSTOMER_BALANCE >1000000;
```

上述例子充分展现了 SQL 易于使用的特性。这些例子基于一个假设,即普查数据表的所有记录。当普查的方法不适用而必须采取抽样时,SQL 同样有用。调用 SQL 的随机数生成函数可以随机生成一个整数,以此抽样数据表的对应行。不同的 SQL 的随机数生成函数略有不同,如 Microsoft 版 SQL 的随机数函数是 RND。无论具体的函数是什么,各种版本的 SQL 都可以实现随机抽样,从而获得一个样本。

当具备随机抽样能力时,就可以获得第 4 章中提出的各项数据质量指标。接下来,将应用这些技术来评估科德完整性约束。虽然这些约束只是数据质量指标的一小部分,但是却能够对实践起到很好的示范作用。

也许有人会认为下面将要描述的这些内容有些多余,因为如果在数据库管理系统中加入一个实体完整性约束,那么数据库系统将不会允许违反实体完整性情况的存在。然而不幸的是,大量代价高昂的教训表明,数据库真的会出错!而这种违反约束的情形也真实存在。因此,这个问题值得在这里讨论。

1. 实体完整性

有两种违反实体完整性的可能:主键为空或者主键不唯一。

要测量第一种情况——主键为空,目标是确定空值的比例。因为抽样目标可以简化为对一个比例的估计,所以任何适用于比例估计的抽样过程都可以使用,例如简单随机抽样最为简便。

第二种情况——不唯一性——则具有很大挑战。理论上应该取出每个记录与其他所有的记录做比较,判断主键是否重复。显然,这种方法不适用于大型的数据库系统。在已知数据表的记录数时,可以运用 SQL 语句计算不同主键的个数。例如,对前例客户表的 SQL 语句如下

```
SELECT COUNT ( DISTINCT CUSTOMER_ID)
    FROM CUSTOMER;
```

有时,总记录数与具有不同 CUSTOMER_ID 的记录数之差也是计算重复个数的一种方法。当这种方法缺乏可操作性时,则可以通过随机抽样来解决:先用公式计算出所需的样本规模,然后可以使用 SQL 语句随机抽样,然后估计违反实体完整性的记录数。

2. 列完整性

列完整性约束要求列中的值在允许的范围内,违反列完整性的可能则有以下几种:

- 空白值；
- 空值；
- 非唯一值（当为非主键取值要求唯一性时）；
- 离散无效值：值不在有效的取值集合或者字母、数字取值集合中；
- 数值超出有效的取值范围（取值范围定义为连续域）。

检查空白值、空值和非唯一值的方法与检查实体完整性的方法相同——采用简单随机抽样即可，SQL 语句也相同。当存在离散无效值，特别是在记录中分布不均的情况时，分层随机抽样的方法更适用。抽样方法的选择取决于需要检查的字段的缺陷值分布。检查有效字段的值的方法可以采用与检查离散列表中值相同的方法。

如果要计算某个数值是否在有效的取值范围内，需要估计一个比例（二项分布）。这一方法与上述估计二项分布参数的方法类似。当完成抽样之后，可以使用 SQL 中的 BETWEEN 语句来测量所得到的行。

3. 参照完整性

针对参照完整性的检查可能会遇到一项有趣的挑战：当数据表的外键（foreign key）与相关的主键不匹配时，外键值就违反了参照完整性。但是，若外键是无效值，则没有违反参照完整性。那么，在一张很大的数据表中，如何判断外键值的有效性呢？SQL 提供了一种快速找到答案的方法，对应的 SQL 语句

```
SELECT *
  FROM [数据表]
    WHERE [外键] IS NOT NULL;
```

当记录的外键值不是无效值时，可以从其中抽样来估计违反参照完整性的比例。此外，还可以使用 SQL 的 INSERT INTO 语句创建一张新表，将原数据表中外键值为无效值的记录剔除，再对新表随机抽样。

另一项挑战则是如何匹配。如果对外键随机抽样，那么需要对所有的主键进行检查，直到找到匹配的值。尽管有时候难以普查主表（primary table）的匹配项，但是相比于从属表（dependent table），主表通常只有较少数量的记录，而从属表则通过外键关联到主表。例如，某公司的数据库的一张主表有 20 条记录，每一条记录代表一个部门。该公司的员工分属于这 20 个部门。尽管员工数据表可能有 100 甚至 1 000 行，但是匹配的工作量并不是那么大。

另一种可选的方案是建立一个 SQL 的外连接，通过一个 SQL 语句筛选出主键与外键不匹配的记录——即主键和外键中某个字段为空的记录。筛选出的数据表只有较少的行数，因此可以做整体检查。违反参照完整性的实例不会大量

存在。退一步说，如果这种现象发生，那么违反参照完整性的值也可以通过 SQL 语句识别。

5.5 环境扩展：分布式数据库和数据仓库

评估数据质量不仅局限于传统的集中式数据库，大多数大组织采用的标准是构建数据仓库或者数据集市(data marts)，并使用软件支持数据服务。一种普遍观点认为，数据在进入数据仓库时已经被整理并理应具有高数据质量，然而现实却往往与之相悖。在最理想的情况下，整理后的数据应该充分考虑到一致性和完整性约束，但是，很可能忽略将要讨论的多维视角下的数据质量。事实上，在数据仓库中，同一个字段在不同的记录中出现时，常常会出现数据、类型不一致的现象。所以，不能盲目认为数据仓库中的数据都是高质量的，依然需要对数据进行抽样分析。

前面提到，聚类抽样适用于将数据移入数据仓库的过程。基于聚类抽样，可以检查主表的数据质量。而当数据仓库创建之后，则可以使用之前讨论的与交易数据库相关的技术。

除了数据仓库之外，大型数据库越来越普遍地呈现出分布式的趋势，因此，需要提出怎样抽样和抽样的对象两个问题。对于一个集中式的数据库，并且本地数据库只复制其中部分数据，或者对于一个无中心节点或无冗余的分布式数据库，抽样方式是不同的。

多点处理、多点存储的分布式数据环境是一个有趣的例子。假设有一组异构的分布式数据库，而且很可能对于单个数据库，分析人员已经采取了分层抽样。此时，一个合理的假设是，根据先验知识，一些数据库的数据质量高于(或低于)另外一些数据库，或者分析人员可以抽样某个或者某几个数据库估计数据质量。无论如何，在确定抽样设计之后，在单一数据库案例中提到的技术都可以使用。

5.6 本章小结

本章讨论了审计关系数据库时涉及的基本概念和技术，特别是抽样的概念和 SQL 语句的使用。这些技术为我们提供了一套强大的数据质量分析工具。抽样的概念不仅可以应用于第 3 章中讨论的数据质量的主观评价方法，而且有助于第 4 章中讨论的定量度量指标的估计。SQL 语句对于量化各个指标也很有帮助。作为前述各章介绍的诊断性方法的基础,掌握了这些工具,分析人员就能够通过量化数据质量指标提高对组织内部数据质量意识的实质性贡献。

第 6 章将深入讨论在树立了数据质量意识、完成了基本的数据质量评估之后必须考虑的问题。

第6章 数据质量问题及其模式剖析

在第2~5章中，相继介绍了若干供组织评估和审计数据质量的方法、工具和技术。要提升组织的数据质量，首先应该了解组织当前的数据质量状况。然而，如果不能进一步全面地理解数据质量问题在综合环境中——包括组织环境中——的高度复杂性和重要性，那么恐怕很难完成提高数据质量的任务。例如，当数据消费者提出“我无法访问这个数据”的问题时，该问题可能对应于一个相对复杂的情况：可能涉及几个数据质量维度的相互作用，包括数据安全性问题、信息检索问题，抑或是数据命名或者表述的偏差。一项对于数据质量的调查充分印证了这个观点，被调查的组织中数据的可访问性非常差。通常情况下，这个看似简单的数据质量问题并不是孤立的，它可能是一个漫长累积的、隐性的过程。这就意味着存在着一些根源性的因素，而这些因素最终会致使数据消费者陷入困境。因此，为了有效地提升数据质量，一个组织必须认真地诊断并改善特定情境下的数据及其环境。所谓数据环境，是指与数据的采集、储存、使用相关的各个领域。数据环境不仅仅包括数据库系统或信息系统的建设，更包含相关的任务处理机制、规则、方法、行为、政策，乃至文化等诸多方面——它们共同影响并塑造着一个组织的数据质量。数据质量问题不仅仅存在于自动化的计算机系统中，也广泛发生在人工操作的业务流程中，或者两者的结合。

在本章中，将辨识并分析组织中可能引发数据质量问题的十种根源性因素，这些根源性因素及其解决方案同时适用于人工和自动化的环境。我们建议，组织应积极地采取干预行动，阻止并逆转根源因素的负面发展，以期提升数据质量。本章的内容基于Strong、Lee和Wang(1997a;1997b)的开创性工作并做了拓展。

6.1 数据质量问题的十大根源

下面将要介绍的十种根源性因素是基于几家先进企业的数据质量项目案例，经过详细且富有深度参与的归纳、分析和总结得出的。这些根源性因素都是非常常见的。如果不能加以解决，随着时间的推移它们会带来越来越多的数据质量问题。相反，若采取适当的干预措施，则有机会改善数据质量状况。干预措施既可以是短期的补救性措施，也可以是长效的解决方案。显然，长效的解决方案更加理想。

十大根源包括：

① 数据的多源性。当同一个数据有多个数据来源时，很可能会带来不同的值。例如，在某个给定的时间点是准确的数值。

② 在数据产生过程中的主观判断。如果在数据的产生过程中包含主观判断的结果，那么会导致数据中含有主观的偏见因素。

③ 有限的计算资源。缺乏足够的计算资源会限制相关数据的可访问性。

④ 安全性与可访问性的权衡。数据的可访问性会与数据安全、隐私保护等需求产生冲突。

⑤ 跨学科的数据编码。辨别和理解来自于不同的部门或者学科的编码数据是很困难的，而且这些编码体系之间也可能存在冲突。

⑥ 复杂数据的表示方法。截至目前，并没有一种算法能够完全自主地分析包含文本和图像的数据。非字典序的数据很难构建定位索引。

⑦ 数据量。如果数据库存储的数据量过大，那么数据消费者就很难在合理的时间获取其所需的信息。

⑧ 输入规则过于严苛或被忽视。如果输入规则过于严苛，那么会出现不必要的约束，并导致某些重要数据丢失。例如，数据采集者可能会跳过某些数据（丢失信息），或是擅自改变某些数值使之符合输入规则的检查（错误信息）。

⑨ 数据需求的改变。当数据消费者的任务和组织的环境发生变化时（如新的市场、新的法律要求、新的趋势），相关的“有用的”数据也会随之改变。

⑩ 分布式异构系统。对于分布式、异构的数据系统，如果缺乏适当的整合机制，会导致其内部出现数据定义、格式、规则和值的不一致性。数据在流动的过程中可能丢失其原本的含义，或者其原本含义被扭曲，而这些错误的数据又因为相同或者不同的用途，在不同的子系统中、在不同的时间、地点，被不同的数据消费者检索获得。

1. 数据的多源性

当同一个数据有多个数据来源时，很可能会导致不同的值。在设计数据库时，不建议多源储存和更新同一个数据，因为这样的话很难保证数据的诸多副本在被分别更新后仍然保持一致。类似的，使用几种不同的流程也可能导致同一个数据出现不同的值。例如，某医院使用两种不同的流程评估重症监护室（ICU）内的患者病情：一种是入院时医生对患者病情的判断，另一种是 ICU 的护士根据日常观察得出的判断。这两种评估的结果可能截然相反。但是,当医院出具账单或者诊疗报告时却需要一致的数据。

之所以在组织中经常出现这样的情况,是因为不同用途的数据系统常常需要用到相同的信息。例如,医院的电子病案系统和财务管理系统都需要使用病情这一信息,而这两个系统往往是独立开发的,它们在收集病情数据时可能会分别使用略有不同的流程。

通常情况下,数据的多源性可能导致严重的问题。例如,如果财务管理系统根据"虚假的"病情生成了高于许可的医保报销额度,那么医院将会遇到财务和法律问题。数据的不一致还会导致客户(患者)质疑数据的可信度,甚至不再相信和使用该数据。

然而,数据多源性这个根源性因素往往被忽视。组织内部的多个数据生产流程依旧独立运作,持续地产生着不同的数据值。这是因为数据消费者们往往使用着不同的系统,导致这个根源难以察觉——来自临床的数据消费者(如医生)从电子病案系统获取病情信息,而其他数据消费者则大都通过财务管理系统获取病情信息。一种短期的修补措施是,医院保持这两个系统运行,但只依据其中的一个系统出具账单。但是,如果医院对患者的病情评估总是存在差异,那么就必须改变其流程。

而对于一种长效的措施来说,首先需要重新审视数据的生产流程,即"数据是如何产生的?"例如,这家医院决定采用一套统一的定义描述 ICU 患者的病情,并使用一套最终产生一致的病情描述的流程。为此,医院改进了其数据系统。

长效的措施还包括设立两个规则:第一,禁止使用同义词:不同的数据采集者不能使用不同的名称描述同一个数据或者流程;第二,禁止使用同形异义词:表示不同内容的数据不允许存在相同的名称。特别的,设立数据字典,将被允许的同形异义词收录其中,并由整个组织共享。

2. 在数据生成过程中的主观判断

如果在数据的生成过程中包含主观判断的结果,那么会导致数据中含有主观的偏见因素。人们常常认为,存储在数据库中的数据都是客观事实,却忽略了采集这些"事实"的过程可能存在主观的判断。前面提到的病情评估就是一个很典型的例子。另一个例子是代表疾病类别和所实施手术类别的医学代码,尽管建立有代码规则,但是数据采集者依然需要学习和练习如何正确的选择代码。

当数据消费者意识到某些数据的生产过程存在主观判断因素的干扰时,他们可能会有意识地避免使用这些数据。此时,这些可能花费了大量的人力采集的数据,最终可能无法为组织提供应有的价值。

但是,数据消费者往往不易察觉这一类数据质量问题,因为他们并不知道数据采集者使用了多少主观判断。他们也许认为在数据系统中的数据更真实。要想修正这个问题,就意味着组织需要更多的数据生产规则,以应对在类似的潜在事实下生成数据的多样性。

我们并不打算在数据的生成过程中消除主观判断。因为这不仅将严重限制可以提供给数据消费者的数据,而且有些数据完全依赖于主观判断。针对这个问题,可以采取的长期措施包括:更好地、更广泛地训练数据采集者,丰富他们在业务领域的知识,并且明确地告知他们有关主观判断的使用规范。

3. 有限的计算资源

缺乏足够的计算资源会限制相关数据的可访问性。例如,曾经有一家航空公司使用不可靠且带宽不足的通信线路查询和维护飞机备件的库存数据。结果由于线路故障,部分库存交易数据丢失,导致数据库既不准确也不完整。又如,某保健组织(health maintenance organization,HMO)没有为每名员工配备一个独立的终端,导致该组织访问数据、生产数据的能力锐减。当有些任务的完成是建立在不完整数据的基础上时,较差的决策就出现了。

时至今日,虽然绝大多数员工在办公室都拥有了个人计算机,通信线路也更加可靠,但是计算资源的限制依然存在。例如,带宽一直是一种有限的资源,配备更新、更快、更好的高带宽通信线路的需求总是存在的。正如数据消费者所抱怨的那样,要在短期内解决这个问题需要为其提供更强大的计算能力。

某些组织已经设计出技术升级政策作为解决此问题的一种长效方案。例如,一些大学决定定期升级实验室的计算机,以满足计算机系统标准的要求。此外,还可以根据数据消费者的预算来分配计算资源投资,这样一方面可以确保数据消费者更好地利用投资;另一方面,对使用计算资源的数据消费者收费,也可以促使其更有效地使用现有的计算资源。

4. 安全性和可访问性之间的权衡

数据的可访问性与数据的安全性、隐私和保密性本质上是矛盾的。对数据消费者而言,必须能够访问高质量的数据。同时,出于保护隐私、保密和安全性的考量,必须对访问设置权限。因此,高质量的数据可访问性与数据的安全性之间就产生了冲突。例如,患者的医疗记录是保密的,但是分析人员可能需要使用这些记录开展研究和做出决策。为了解决这个问题同时又保护患者的隐私,分析人员在使用个人医疗记录之前必须依法获得授权。然而,更为普遍的情况是,对于数据消费者来说,如何获得高级别的访问权限始终是一个障碍。

一种短期的解决方案是,在隐私、保密和安全性出现问题时制定临时的解决办法。例如,如果无意间泄露了患者携带艾滋病毒的信息,那么就应该开发新的流程阻断信息的再次泄露。在设计新的流程时,也应该尽量减少对合法的数据访问的阻断。

而作为长效的解决方案,应该对所有的数据在首次采集时即制定明确的保护政策,包括隐私保护、保密性和数据安全。再根据这些政策,开发一致标准的流程,来评估访问所需要的最少时间和精力。通常情况下,数据消费者会理解这样的需要并乐意遵守合理的规则。然而,只有新的规则,包括其定义和内涵在整个组织内实现了充分交流并且被共享,这个新的规则才算成立。

5. 跨学科的数据编码

来自于不同专业领域的编码总是难以辨识和理解。随着技术的进步,采集和储存多种类型的数据——包括文本和图像——成为可能。然而,主要的问题并不在存储本身,易于采集且易于获取的数据表现形式才是核心问题。

例如,一些医院制作账单的流程是,由编码员阅读患者的医疗和护理记录,然后将记录归纳为若干疾病编码以编制账单(Fetter,1991)。详细的医疗和护理记录仍然是纸质的,因为要把这些记录录入数据库需要大量的成本——需要花费时间来辨认这些记录,再输入系统。现在有一些记录,特别是患者的长期医嘱,多由医生口述,然后转录为电子版。越来越多的医生使用计算机输入数据,越来越多的医院使用电子病案系统,此外,生物医学电子学的发展也使得医学影像的存储和检索变得更容易。

随着存储能力的不断提高和检索技术的发展,组织需要决定要存储数据的数量和类型。对于数据编码来说,必须把完全理解数据编码所需的业务领域和专业知识——如医疗、工程领域等——准确地告知数据消费者,因为这些知识需要被编码并提供给数据消费者使用。所有这些做法都应该是长效的。

在可能的范围内,对相同分类的不同代码应该相互映射。当然,最好的情况是采用相同的编码。当难以采用一致的编码时,维护同义异形编码之间的映射关系可能更符合成本-效益原则。但是,有一种情况应该避免,即采用了电子化的数据存储耗费了很高的成本,却未能或罕有给数据消费者提供更好的数据质量。

6. 复杂数据的表示方法

时至今日,还没有一种算法可以实现对文本和图像数据的综合分析。非数值的数据很难设计定位和检索相关的索引。

虽然数据消费者可以访问这类数据,甚至数据可以分布在多个系统中,但是更多的,他们不仅仅需要访问,还需要汇总、处理数据以及判断变化的趋势。所以这个问题的表现为,在技术层面上虽然数据消费者获得了数据,却难以用于分析。

例如，分析人员和医学研究者要分析影像病案，其分析方法是用统计和趋势分析技术做定量分析。我们所研究的这个医院并没有使用电子病案系统存储文字记录和影像。除非医院的系统可以自动化分析 X 光影像，例如根据影像判断患者是否有肺炎，并且对于 ICU 的患者，可以通过其多次的 X 光影计算肺炎的发展趋势；否则，电子化的存储这些 X 光影像似乎不是非常有用。

医院在患者的治疗过程中往往需要评估病情的发展趋势，而评估所需的数据就存在于医生和护士的病案记录中。在美国的医疗和健康服务业中，通常是使用编码体系从记录中抽取评估所需的内容。然而，还有一个相关的问题，即分析存储在不同系统中的数据。简单的为数据消费者提供每个系统的访问权限并不能解决多系统数据的趋势分析问题，因为这些数据可能有不一致的定义、名称和格式。这个问题还涉及第十个根源性因素，即分布式异构系统。

可以从多方面修补这个问题。本质上来说，编码体系是辅助文本数据分析的补丁(程序)。而不同系统之间的补丁则有助于跨系统的分析。然而，补丁也带来了新的问题。首先，补丁只是零碎地解决问题的一部分，例如匹配查找补丁只能查找预设的特定字段。为了解决整个问题，往往需要多个补丁。其次，补丁可能是不完整的，或者可能引起其他的问题。例如，如果在跨系统查找姓名时使用 Soundex 算法①，那么有可能找不到正确的匹配。若编码体系要求数据消费者理解编码才能分析和总结数据，则有可能引发分析层面的问题。

复杂数据问题的长效解决方案依赖于信息技术和应用的进一步发展。数据仓库和数据字典已经可以针对一些问题提供解决方案，包括跨系统的结构化数据的分析。图像分析算法的研究也正在不断取得进展。一般情况下，存储新类型数据的能力的发展往往先于分析该类数据的能力发展。

7. 数据量

数据量过大会使得数据消费者难以在合理的时间内获得所需的数据。人们常说，“更多的数据”不一定比“更少的数据”要好。对于数据管理者和数据消费者来说，大量的数据意味着麻烦。例如，某个电话公司每小时会生成成千上万的交易记录和账单，而一个客户只希望客服人员立即找到自己的账单并解决问题。

---

① 译者注：Soundex 算法是一种常见的模糊语音索引算法(phonetic index algorithm)，由 Robert C. Russell 等人先后提出，其基本思想是，利用英文单词的近似读音将单词编码成四个字符，其中第一个字符为英文字母，后三个字符为数字。读音相同或相近的且拼写类似的单词会被分配相同的编码，进而，在大概知道英文单词的读音但不确定拼写时，可以使用该算法查找单词。该算法曾长期和广泛地应用在美国的人工普查工作中，主要用途是将相近的姓氏和衍生姓氏归档。关于该算法的详细介绍，特别是在姓氏查找中的应用可以参考美国国家和档案记录管理局网站：http://www.archives.gov/research/census/soundex.html 。

又如某个保健组织每年有超过100万条患者病案记录,而对于一种疾病的分析研究可能只涉及几千条记录而已,但是这几千条记录必须从数百万条记录中筛选出来。仅仅是一家医院每年就有上万名患者产生12 GB的业务数据。对于保健组织来说,多年的趋势分析正成为一个难题。

信息系统的专业人士往往习惯于使用一些标准化技术存储大规模的数据并提高访问效率,例如,用代码替代大段的文本就是其中一种。某医院的数据库系统采用如下的编码方案来存储患者的信仰数据,用1代表一种宗教,用2代表另一种宗教等,以此类推。虽然这类编码方案很常见,但是却可能对数据消费者产生负担,因为他们需要理解显示在屏幕上的编码含义。一位数据消费者曾说过:“我通过黏到屏幕旁边的记事贴的个数来判断一个系统的质量。”而这些记事贴恰恰是数据消费者为了理解编码的实际含义的一种辅助手段。事实上,这个问题也涉及第五个根源性因素——跨学科的数据编码。可以寄望更新、更先进的用户图形界面来缓解这类问题。

如果要长效地解决这个问题,那么就需要准确地收集各种需求,并且权衡所需的额外存储空间、查询时间和需要做出决策的速度。显然,必须按照便于检索和使用的方式组织数据。提高访问效能的方式之一是提供汇总的数据,然而,只有确切知道数据消费者的需求才能完成这个任务。

在保健组织案例中,一种短期的解决办法是利用周末时间批量地提取数据,例如下载相关的记录用于时序分析。这种临时的下载方案会显著地增加访问和分析这些数据时间。一种长效的解决方案是另外创建一个新的数据库,其中包括过去十几年中每年的业务数据的一个子集。将这个新数据库构架在一个易于访问的服务器上,并且每周更新一次。组织通过设计和维护这个新的数据库,摆脱了反复从原先大量的数据中临时提取一些数据的做法,从而实现了一种永久的解决大数据量问题的方法。

8. 输入规则过于严苛或被忽视

过于严苛的数据库编写规则,或者说引入不必要的数据输入规则,可能会导致某些重要数据的丢失,或者产生错误的数据。这是因为数据采集者可能为了遵守这些规则,随意改变某个或某些字段的值,使之通过编写规则的审查,或者由于某些值无法输入对应的字段而丢弃整条记录。

正如之前指出的,提高数据质量不仅要关注准确性这个维度,而且必须同时考虑采集数据的可用性和实用性。为此,我们关注的重点不只是数据的无误性,也包括数据的系统性和结构性的问题。在生成数据的过程中,有些错误是系统性的,如没有将记录输入系统。虽然在数据采集的全过程都可能发生错误,但是其中的系统性错误是十分关键的,因为它们在临时性的审查中不易察觉,却会影响整个系统的数据质量。

在保健组织的案例中,并非所有的门诊和手术代码都被输入到系统中,因为输入审查拒绝了一些无法识别的代码。然而,这种情况直到使用数据进行分析,并产生了可疑的结果时才被发现。调查结果表明,有些数据并没有被录入系统,而这种情况发生于组织购买了新的数据输入系统之后。由于负责数据录入的人员没有遭到投诉,所以他们误以为漏掉的数据不重要。随后的调查发现,恢复这些数据的成本巨大,而且有些数据已经不可能恢复——这意味着数据丢失。

像这样的情况是由数据采集过程中的某些隐藏问题引起的。解决这类问题可以有短期方案,例如,保健组织采取一套应急方案——把这些无法录入的数据输入到注释字段,等到软件服务商提供新版本后再行改正。如果要寻求长效的解决方案,那么就有必要采用类似于管理实物产品生产制造流程的方法来理解、记录和控制数据流程。组织应该确保数据采集者和管理者领会数据优劣的影响。简而言之,他们必须把采集数据作为业务流的一环。

9. 数据需求的改变

当数据消费者的任务和组织环境发生变化时,所谓"有用的"数据也随之改变。只有满足数据消费者需求的数据才是高质量的数据。为数据消费者提供所需的数据是一个棘手的问题,因为众多数据消费者都有着各自不同的需求,而且这些需求随着时间的推移在不断地变化。虽然对于数据消费者的需求而言,一个初级的解决方案可能是令人满意的,但是随着时间的推移,这个方案提供的数据的质量终会逐渐下降。

在保健组织的案例中,医院向医保申报的报销费用是变化的:从最基本的一个疗程的费用,到疾病组编码定义的对应疾病的治疗费用,这样的区别导致采集和使用用以编制账单的数据的过程不同于采集和使用用以成本分析的数据的过程。

这意味着,向数据消费者提供的数据与他们的需求不匹配。当这种问题变得越发严重时,组织可以通过修改计算机程序或系统纠正偏差。然而,随着这类不匹配的问题持续发展,数据消费者可能也需要自行开发各种手工的或自动的应对方案,而这些应对方案可以最终成为常规的工作流程。正因为如此,许多小问题可能永远不会发展到需要高度重视的程度。

作为长效的解决方案,需要规划数据流和系统的变化,并在数据需求的变化成为严重的问题之前,预测数据消费者不断改变的需求。这要求我们持续地检查业务环境,落实岗位职责,积极地管理数据并使之匹配于数据需求。设计计算机程序和系统时也要充分考虑数据报告的灵活性。例如,某医院预计医保报销的流程将出现变化,并果断地在变化实施之前修改了计算机程序和系统,而没有提前行动的医院则遇到了严重的财务问题。

10. 分布式异构系统

对于分布式、异构的数据系统,如果缺乏适当的整合机制,会导致其内部出现数据定义、格式、规则和值的不一致性。得益于分布式、异构的数据系统,组织的数据存储、分析能力增强了。然而,作为一把双刃剑,分布式系统也会表现出其自身独有的弱点,如跨系统的查询和汇总数据往往需要太多的时间,降低了数据的可访问性。

最常见的问题是数据不一致,即在不同的子系统中,数据有不同的值(或表述)。数据的多源性是导致数据不一致的原因之一,另一个原因是多个副本的不同步。此外,当综合和集成多个独立设计的数据系统时,数据的不同表述也会成为问题。例如,在保健组织的案例中,我们发现一些部门习惯于在疾病代码中插入小数点作为分段记号,而另一些部门则习惯于使用其他的做法。此时,在进行跨部门数据整合时就需要注意这种差别。无论是手工处理还是计算机程序修正都只意味着临时性的修补。

数据仓库是目前流行的一种分布式系统解决方案。数据仓库整合了若干已有的、独立开发的数据系统,根据每个系统的特点再使用不同的程序从中提取数据,而不需要重新构架已有的系统。这是一种前端集成的解决方案。需要注意的是,在开发数据仓库时,如果缺少数据采集者、数据管理者和数据消费者紧密协作,数据质量是难以保证的。这种解决方案极大地减少了对于前端的不可访问的问题。然而,组织应该将确保数据一致性的流程制度化并适时的制定既满足全局需求又允许本地差异性的拓展的数据标准。

6.2 数据质量问题的表现

上述十大根源将演变出正面和负面的表象。如图 6.1 所示,总结了这些根源性因素的演变及其向正面和负面表象的演变路径。表 6.1 和表 6.2 分别列出了警示表现、可能出现的问题、短期和长效干预的结果。在本章中,将重点关注那些最终归为负面表象的路径。虽然一些根源性因素在采取干预措施以后可以转向正面表象,但是我们仍然更关注其负面表象。这是因为,从早期规避问题的角度来看,负面表象更有意义。当根源性因素已经演变呈现如图 6.1 所示负面表象时,则可以用一个或多个传统的数据质量维度,通过第 3 章 ~ 第 5 章中介绍的技术来衡量其糟糕的程度,阻断路径并诊断其基本问题。

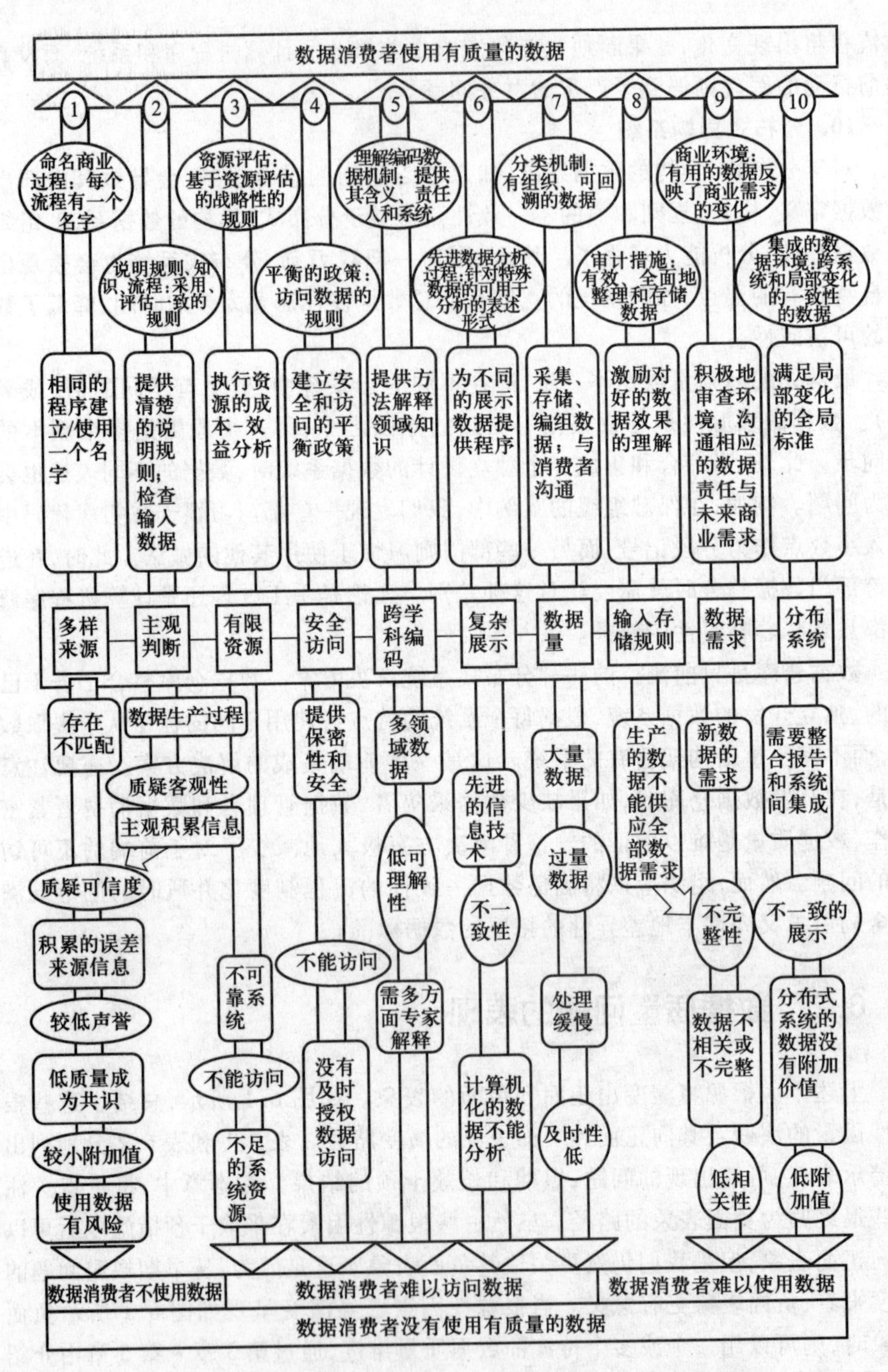

图 6.1　数据质量的十大根源及其表象演化：正面和负面路径

表 6.1　十大根源的积极表象

十大根源	表象	警示表现	问题的影响	干预措施	目标状态	改进后的数据使用
数据的多源性	同一个数据的多个来源会给这个数据赋以不同的值：同一个数据有不同的名称（同义词问题），或者相同的名称代表不同的对象（同形异义词问题）	针对相同的数据，出于不同的目的或者组织的不同部门开发出不同的系统。相同的数据可以在不止一个文件中被更新	同一个数据呈现有不同的数值；数据是不一致的；大量的时间被浪费在辨别数据的不同之处；而财务和法律问题也会随之而来；人们可能误以为两个不同的数据是相同的，当他们尝试合并或者区分这些数据时，就必将导致错误和自相矛盾的结论	只保留一个数据源；只允许更新这个数据源的数据，并只从这个数据源向其他副本同步数据；设立一个数据字典或者名称库来辨别同义词和同形异义词；记录所有存在冲突的数据并保持沟通	只通过一个数据源更新和更改数据；相同的数据必须有相同的名字和定义；解决一些特例的问题；没有同义词和同形异义词的存在	数据消费者使用一致的数据名称和数据定义，且其准确代表数据的真实含义
在数据产生过程中的主观判断	使用主观判断的过程造成数据的偏差	数据的输入过程缺少明确的规则和约束；数据的输入只经过了极少的编写检查；数据的字段使用了无约束的文本格式	输入并使用了不可靠、不准确的数据	业务领域的专家和数据消费者一起检查输入的数据；数据采集者应得到更好的培训；数据的录入人员应该掌握相关领域的知识，能够清楚地解释主观判断规则；对于确定是由主观判断产生的数据保持沟通	规则的解释要一致；编辑检查要一致；用完整的定义来维护数据库	数据消费者使用客观的数据，或者他们能准确意识到某些数据的某些主观特性

续表

十大根源	表象	警示表现	问题的影响	干预措施	目标状态	改进后的数据使用
有限的计算资源	缺乏足够的计算资源限制了相关数据的可访问性：硬件或网络资源不足；编码体系是加密的且没有记录；多个值储存在同一个数据字段	数据消费者抱怨计算资源及其可靠性；他们不能访问或找到所需的信息	缺乏计算资源限制了数据消费者及时的访问数据；不充分的文档导致数据丢失或者难以找到	进行成本－效益分析；建立现实的目标；在资源评估中要把人力成本也包含在内	现实的评估资源——基础设施和能力	数据消费者可以充分地访问系统中的数据
安全性与可访问性之间的权衡	数据的可访问性与数据安全、隐私保护等需求产生冲突	数据安全、隐私保护和数据保密都很重要，但是数据只有可访问才能产生价值	安全机制是可访问性的阻碍；受制于此，数据只能提供很少的价值	开发兼顾安全性和可访问性的一致的政策和流程；需要与相关方分享更多的信息：构建安全性、隐私性和保密性的新定义	平衡各方面考量的稳定使用的数据访问政策	数据消费者合理地使用可访问的、安全的数据
跨学科的数据编码	难以辨别和理解来自于不同的部门和学科的编码数据	组织使用了来自于多个专业领域的数据	数据难以理解，并且没有在合适的环境中使用	通过提供获取专业知识(专家系统或个人)充分地理解数据编码；明确相同分类的不同代码之间的映射关系；当一致的编码难以实现时，必须达成一个解决问题的流程：通常给对象或记录添加新的属性，再用新的流程来维护它们	所有的数据编码是一致的且是可理解的；编码表保持可理解的说明和含义	数据消费者使用可以理解的数据

续表

十大根源	表象	警示表现	问题的影响	干预措施	目标状态	改进后的数据使用
复杂数据的表示方法	目前没有算法可以实现文本和图像数据的综合分析;非字典序的数据很难设计定位和检索相关的索引	操作和管理决策需要分析多个图像和文本数据	分析以电子形式储存的图像和文本数据受到很大限制	提供合适的程序处理非字典序数据的表现形式	以可分析的数据形式呈现	所有类型的数据都是可解释的、可理解的和可供分析的
数据量	如果数据库存储的数据量过大,那么数据消费者就很难在合理时间获取其所需的数据	管理和战略分析需要大量的数据	获取和分析数据所需的额外的时间	准确地收集数据消费者的需求;平衡额外存储、额外查询时间和决策速度;用易于检索和使用的方式组织数据(如数字、图像信息);提供数据的类型和上下文;提供提前整合的数据,以减少访问和整合时间	组织良好的、相关的数据	数据消费者及时地使用经过合理组织的相关数据
输入规则过于严苛或被忽视	输入规则过于严苛可能导致丢失一些有重要意义的数据;数据采集者可能为了遵守这些规则,随意改变某个或某些字	购买或开发新的含有大量的编写检查的输入系统;数据质量事件的数量有显著增长	数据丢失、扭曲,或者数据不可信	鼓励数据采集者和管理者理解好的数据的作用;采取适当的措施审查数据;实施相关的编写流程;使采集数据成为业务流的一环	有效和完整的数据采集和存储	数据消费者使用完整和相关的数据

续表

十大根源	表象	警示表现	问题的影响	干预措施	目标状态	改进后的数据使用
	段的值，使其通过编写规则的审查，或者由于某些值无法输入对应的字段而丢弃整条记录					
数据需求的改变	随着数据消费者的任务和组织环境的改变，相关的“有用的”数据也随之改变；通常这种改变是数据的分类和汇总方式的改变，而不是元数据的改变；新的元数据没有通过设计来采集从而导致数据丢失	数据消费者及其任务、组织竞争或组织的环境发生变化；数据消费者需要不同的报告；数据采集者需要收集和输入不同数据	数据消费者获得的数据与其任务需要的数据不匹配的情况有所增加	需要定期检查数据，检查环境，清楚地指定所匹配的数据和管理职责，以期符合未来的需求；采集原始数据并使其保持在尽可能低的整合程度，这样可以使数据的再汇总变得容易	数据反映出所有的参与者现在和未来的数据需求	数据反映出业务需求
分布式异构系统	分布式、异构的数据系统存在数据定义、格式、规则和值的不一致	数据消费者抱怨缺少可操作性、灵活性和一致性	数据不一致，难以访问和汇总	制定一致的流程；努力开发满足全局需求又允许本地差异性拓展的数据标准	分布式数据系统中，数据的一致性和差异性得到良好控制	数据消费者在分布式、异构的数据系统中整合并使用数据

表 6.2　十大根源的负面表象

根源	实际案例	修正方案	修正方案的问题	对数据的最终影响
数据的多源性	医院的两套病情评估流程对同一个数据产生了两个不同的值	使用其中的一套方案；为数据消费者下载一整套数据	遗忘了未被使用另一套方案的开发目的	数据未被使用
在数据产生过程中的主观判断	医院的编码员在选择疾病相关组的代码时依据自身的主观判断	增加数据产生规则来减少数据的差异	增加的规则可能是复杂的、主观的；有可能会不一致	数据未被使用
有限的计算资源	不可靠的通信线路导致数据不完整；终端存储降低了数据的附加价值	提供更多的计算资源，或者让数据消费者对自己占用的计算资源付费	计算资源的分配变成了一种缺少理性基础的政策过程	数据无法访问，最终未被使用
安全性与可访问性的权衡	必须安全、保密地存储患者的病案数据，但是分析人员和研究者需要访问这些数据	对安全漏洞和对可访问性的抱怨而采取的局部解决方案	每种情况都变得很特别，增加了协商可访问性的时间	数据无法访问，最终未被使用
跨学科的数据编码	必须储存和访问患者的病案和医学影像数据	使用编码体系分析文本，使用多种算法分析医学影像	只解决了部分问题，并可能会带来新的问题（如难以解释的编码）	数据无法访问，最终未被使用
复杂数据的表示方法	文本和影像的趋势分析很困难："ICU 中的患者会变得容易患肺炎吗?"	电子的存储文本和影像数据	电子化的储存在数据采集方面带来很大开支，却在检索方面能够提供的获益有限	数据难以使用，最终未被使用
数据量	多年的趋势分析，每年需要超过 12 GB 的数据；需要分析几百万条记录中的几千条	用代码来压缩数据；从数据库中提取所需数据组成子集，而非使用全部数据	数据消费者难以理解代码；需要对数据有更多的解释；不能及时进行分析	数据难以获取（访问），最终未被使用

续表

根源	实际案例	修正方案	修正方案的问题	对数据的最终影响
输入规则过于严苛或被忽视	数据可能由于无法通过编写检查而丢失，数据可能为了通过编写检查而被篡改	把数据录入到一个不需编写检查的注释字段；然后再用补丁程序来把它们移动到合适的字段；告诉数据采集者不要输入错误的数据	需要额外的程序和更多复杂的数据输入	数据未被使用
数据需求的改变	医院的医保报销规则发生变化，所需要的数据流程和系统也随之变化	只有当数据消费者的数据需求与所提供的数据之间存在过大的不匹配时，才考虑修正数据流程和系统	数据、流程和系统落后于数据消费者的需求	数据难以使用，最终未被使用
分布式异构系统	不同的部门使用不同的疾病组编码	数据消费者管理每个从子系统中提取的数据集，并自行汇总数据	数据消费者不理解数据和数据库的结构；对数据消费者产生额外的负担	数据难以使用，最终未被使用

从操作层面来看，根源性因素一定会表现在许多方面，但其中最需要引起注意的是：① 数据未被使用；② 数据无法访问；③ 数据难以使用。通过详细研究这三个问题，寻找与之关联的根源性因素演变路径和数据质量维度。

1. 数据未被使用

同一个数据的值在多个副本之间不一致是这类数据质量表象的常见起因。在最初的阶段，数据消费者不知道这个问题应该归咎于哪个副本，唯一知道的是数据的值是相互矛盾的。也就是说，这个问题的最初表象是*可信度*问题。（斜体字标注出数据质量维度，以便突出数据质量项目中所讲的各个数据质量维度之间的关联，并凸显这些维度与特定的问题、模式的发展的交互。）

随着时间的推移，有关数据值不一致的成因方面的知识逐渐累积：一开始数据消费者需要评估不同的数据源（副本）的*准确度*，逐渐的他们发现某些低质量的数据源，最终给予这些数据源负面*声誉*。低质量的声誉也可能在没有事实基础的情况下继续发展。当某些负面声誉成为组织共识时，组织就会认定这些数据源没有*附加价值*，从而减少甚至不再使用来自这些数据源的数据。

在数据产生过程中的主观判断则是另一个常见的原因。例如，人们常常认为经过编码或解释以后的数据，其质量低于原始数据的质量。最初，只有那些了解数据生产流程的人了解潜在的问题，此时表现为对数据*客观性*的担忧。随着时间的推移，关于主观性的担忧不断积累，从而组织中引发了对*可信度*和*声誉*的质疑，而对数据消费者来说就没有了*附加价值*，最终的结果一定是减少对可疑数据的使用。

在许多组织中都能发现数据不一致的问题。例如，某航空公司曾有库存系统中的数据与仓库中真实的数量不匹配的历史。以仓库中物品的数量作为标准衡量系统数据的准确性，其结果是系统数据是*不准确*的也是*不可信*的，必须定期修正以符合实际库存。但是此后，系统数据又会渐渐的出现不一致，其*声誉*逐渐恶化，直到决策者决定不再采信这些数据。

又如，某医院有两个数据库，其中一个包含历史数据，另一个数据库记录可使用的短期数据。历史数据是从信息系统中提取的，用于研究人员的分析和管理者制定长期决策使用。短期数据是每天信息系统的快照。从两个系统中都可获得某些数据，如每天的病床使用率。然而，这两个数值经常不一致。随着时间的推移，历史数据因为数据*准确*逐渐形成了良好*声誉*，而短期数据的使用率则不断下降。

在保健组织的案例中，不一致的数据值出现在保健组织的患者病案与医院提交的医保报销账单中。例如，医院提交的账单要求保健组织为某患者的冠状动脉搭桥手术付费,保健组织的病案应该记录有严重的心脏问题。此时,不一致的数据可能出现在两个方面:一是医院提交了账单但是保健组织的患者病案中没有严重的心脏问题的记录;或者是保健组织的病案中表明患者的心脏存在问题,但是医院没有提交相应的账单。最初,保健组织假设外部数据(医院提交的账单)是错误的。保健组织认为自己的数据更*可信*,与医院的数据相比有更好的*声誉*。然而,这种对数据质量的"感觉",并不是基于事实分析的结果。

在医院和保健组织产生数据的过程中都存在主观判断。医院的编码员根据医生和护士的记录为病案指定诊断代码和治疗代码,并由对应的疾病组编码来编制账单。虽然编码员训练有素,但是仍然存在其自身的主观性。故可以认为由编码员制作的数据没有医生和护士的原始记录*客观*。

此外,数据产生的方式也可能降低数据的*客观性*。例如,在保健组织的数据系统中,医生只能在预先设定的复选框内选择手术代码。与自由填写的表格相比,这种差异降低了数据的*可信度*。

2. 数据无法访问

数据质量中的*可访问性*问题主要包括三个方面,其一是可访问性的技术层面考量,其二是从数据消费者的角度所审视的数据表述问题,其三由数据量导致的*可访问性*问题。

例如在航空公司的案例中,一条航线迁移到一个新的机场,但是与之相关的数据操作仍然关联在旧的机场,并且通过不可靠的通信线路来传输数据。此时,由于预订机票有更高的优先级,不可靠的通信线路导致票额存量数据出现无法*访问*的问题,同时也影响了航线的票额存量的*准确性*,因为更新数据的优先级低于其他的数据操作。

又如,由于患者病案的隐私性,医院数据系统中的患者病案数据存在*可访问性*问题。数据消费者可以认识到保护病案隐私的重要性,也会察觉到为了限制可访问性设置的权限。这将影响数据的整体*声誉*及其*附加价值*。此外,数据管理员也是可访问性的障碍,因为他们不会允许超越许可的数据访问请求。

跨学科的数据编码也会带来数据的*可解释性*和*可理解性*问题。在医院和保健组织中,对于医生、护士和医疗行为进行编码非常必要,这有助于总结、归类诊断和治疗。然而,解释这些代码所需的专业知识成为*可访问性*的障碍,因为这些代码并不是大多数医生和分析人员易于理解的。在保健组织中,不同的科室由于使用了不同的编码体系,医生之间在分析和解释数据时也存在问题。

复杂数据的表示方法同样存在*解释性*的问题,如在病案和医疗记录中不仅包括医生和护士写的医嘱,也包括医疗影像。基于这些数据难以对单个患者做时序分析，再者分析不同患者的病情发展趋势也非常困难。此时，数据的表述成为*可访问性*的一个障碍——对于数据消费者来说，数据不是不可访问，而是没有以能够分析和使用的形式呈现出来。

数据量太大也会使得及时提供对数据需求有*附加价值*的数据变得十分困难。例如，保健组织为数十万患者服务，存储有数百万条病案记录。而对病案的分析，通常需要在周末提取相关的数据。购买保健组织股票的公司也越来越频繁地要求评估其医疗行为，这种需求导致对分析的需求增加。此外，数据量大还会导致*及时性*问题，也是*可访问性*问题的一种。

3. 数据难以使用

有三种提供的数据不支持数据消费者任务的原因，分别是存在丢失的(*不完整*)数据、被不适当定义或测量的数据和不能被适当整合的数据。要解决这类数据质量问题，数据质量项目应立足于向数据消费者的任务提供有*附加价值*的数据。

数据*不完整*可能引发运行层面的问题。例如，航空公司不完整的库存交易数据带来了数据的准确性问题。一方面飞机机械师有时在填写工作记录表时会漏记部分号码；另一方面由于交易数据的不完整，库存的数据库没有更新，又产生出*不准确*的数据。然而一名主管认为，这种情况是可以容忍的，因为"机械师的主要工作是及时的维护服务飞机，而不是填写表格。"

如果说航空公司的数据不完整是操作规范管理的问题，医院的数据不完整则是数据库设计所导致的。医院的历史数据数据库的数据量足够小而*便于访问*、足够*完整*因而有良好的*相关性*，也能够为数据消费者带来*附加价值*。数据消费者很少抱怨数据不完整。

现在，问题来自于跨系统的集成数据。在保健组织中，数据消费者抱怨不同部门之间对数据的定义和表述不一致。例如，不同的部门对病床的基本利用率有不同的定义，有些部门定义为每千名患者的住院天数，而另一些部门则不是。这类问题是由于各个部门独立设计业务流程的规则引起的。

6.3 数据质量问题的转换

传统的数据质量方法采用控制技术(如编写检查、数据库完整性约束、控制数据库更新的程序)来确保数据质量。这些方法确实大幅度地提高了数据质量。然而，仅仅对信息系统采取控制技术并不能带来满足数据消费者更为宽泛需求的高质量数据。对数据库系统的控制是必要的，但不是充分的。信息系统和数据质量的专业人员需要对数据的生产流程实施以流程为导向的质量控制技术。

数据消费者会错误地把任何访问数据的障碍都归咎于数据的可访问性问题。传统方法把数据的可访问性问题看作计算机系统的技术问题,而忽视了对数据质量的关注。从数据管理者的角度来看,如果数据在技术上是可访问的,那么他们就可以提供数据访问。而对于数据消费者而言,可访问性不是局限于技术层面的访问性,更包括是否能够容易地、及时地分析数据来满足他们的需求。

研究表明,不同的参与者对数据可访问性的观点存在明显的差别,甚至相互冲突。例如,一种先进的数据结构可以存储二进制的大型对象(结构体)。此时,虽然数据管理者提供了访问这种数据格式的技术支持,但是数据消费者仍然质疑这些数据的可访问性,原因在于数据消费者的需求限制了他们,他们只能使用传统的分析记录数据的方法。针对可访问性,相互对立的观点还有:① 整合了一系列独立开发的数据系统以后,数据在技术层面上是可访问的,但是数据消费者不认同,因为同类的数据在定义、度量或表述上存在差别;② 数据采集者将病案数据编码,编码在技术层面上是可访问的,但是数据消费者不会解释代码,致使他们认为数据是不可访问的;③ 海量数据在技术上是可访问的,但是数据消费者认为在他们期望的访问时间内数据是不可访问的。数据质量人员必须理解,所谓的技术层面的可访问性与数据消费者所关心的广义可访问性存在差别。当理解并找出这种差别时,就可以采用技术手段解决问题,例如通过数据仓库提供更相关的、少量的数据,改善图形界面使数据易于理解等。

从数据消费者的角度来看,他们评估数据质量的依据是他们的需求。在很多时候,多个需求可能需要使用同一个数据,但是这些需求本身有不同的数据质量特征,而且这些数据质量特征会随需求的改变而变化。因此,提供高质量的数据好比跟踪着一个不断移动的目标。传统的方法使用的技术,例如用户需求分析、关系数据库查询等,能够处理特定环境中的数据质量问题,但是这些传统的方法并没有明确地考虑到环境会不断变化这一重要性质。

数据消费者可能同时执行多个不同的任务,而这些任务对数据的需求都会发生变化,所以数据对质量的要求要远远多于“好的数据”的要求。按照与数据消费者的任务相关的附加价值与实用性因素来提供高质量的数据,鼓励易于汇总和操控的、具有灵活性的数据系统设计。同时,通过持续地对数据和系统的维护来满足数据需求的变化。

6.4 本章小结

时至今日,数据质量问题的普遍性和危害性所引发的巨大财务和运营成本尚未引起人们的注意,这是因为绝大多数数据质量问题都在发展成真正的危机之前就得到解决。而当危机出现时,组织总是倾向于采取短期的措施应对危机,却很少制定和实施更加有效的长期的解决方案。

随着组织在战略上、管理上和运营上的决策越来越多地依赖于数据质量,短期的解决方案越来越不可行。总体来说,任何短期的修正都是被动的对危机的反应,然而,组织必须从中学到如何识别潜在问题的种种迹象,并在问题出现之前就主动地制定出解决方案。这种能力需要具备数据生产流程的知识,理解这些过程为什么能取得或者不能取得预期的效果(Lee 和 Strong,2004)。

本章剖析了数据质量问题的十大根源。组织可以在问题发展成危机之前运用本章中提供的模板来识别和解决问题。对于那些能够采取适当的行动应对早期告警的组织,他们获得高质量的数据、保持可行的数据质量实践的过程必定是一条平坦的大道。

第7章 识别数据质量问题的根本原因
——一个医疗保健组织案例

在第6章中，我们系统地介绍了可能会诱发严重数据质量问题的十大根源并追溯了其在组织中的呈现过程。一个问题的产生往往可以归咎于多个根源性因素，要识别出真正的原因则是一项十分具有挑战性的工作。但是，组织必须积极主动地开展这项工作，而且应当以永久杜绝同类问题作为最终目标，而绝非只消除眼下的问题。

没有哪种方法是十全十美的，关键在于选取一种严格的、合乎逻辑的、有原则的、共同协作的方法。本章将通过一个案例研究，详细地展示在一家医疗保健机构中如何使用假设测试及验证的方法来揭示数据质量问题的原因。这种方法本质上是遵循一种传统的科学方法，即先通过观察、提出假设，再用测试并验证所提出的假设。这个案例总体上展现了一个公司的实践过程，同时提供了公司如何在获取高质量数据过程中识别问题和复杂性的综合案例。

7.1 案例：好感觉健康系统公司（Feelwell Health Systems）

本案例中的Feelwell Health Systems是虚构的名称，但是案例的分析都是基于一家真实公司的情况。下面介绍该公司使用的一些术语，这些术语将在案例中反复提到，尤其是在与公司的关键人物的面谈记录部分。图7.1显示了医疗保险行业使用的几个主要术语。Feelwell将其医疗保险产品以保单的形式卖给客户。保单包含了客户自主选择的某些受益项目。一名客户可以购买一种或多种保险，例如普通医保、牙科医保、眼科医保等。每种医保都对应其涉及的一系列受益项目。“客户”这个词是指为其雇员及其亲属购买一个或多个医疗保健保险的雇主(组织或公司)。此时，雇员也称为医保的受益人，受益成员包括受益人及其亲属。一项医保记录主要包含有关客户、其雇员及其亲属、保单、合约，以及客户与医疗保健公司之间的业务流程、处理进度等相关信息。

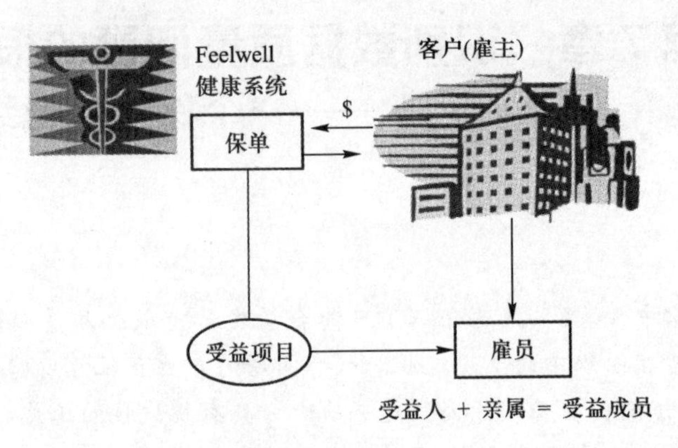

图 7.1 主要术语

7.2 识别问题

在一次股东会议中，Feelwell 的总裁 Pauline Brown 汇报了一项在近期内缩减成本 1 600 万美元的方案。同时，数据质量经理 Karen Arroyo 从公司的数据中发现，Feelwell 在过去三年中支付了总计 1 600 万美元的可疑账单。她反复核算，也让其他人对数据及其计算方法进行核对，但是每一次得到的结果都是相同的数字——1 600 万美元。

Arroyo 负责计划并指导公司的数据质量评估并特别针对公司的数据仓库 PARIS。作为她的质量评估工作的一部分，她检查了数百个内部数据仓库的数据客户，并随后对数据客户的访谈记录进行了研究，组成了一个跨部门小组来处理可能发生的问题。这次评估帮助她理解到信息问题通常是如何影响到公司业绩的，特别是如何影响客户的工作。

在数据检查和访谈中最凸显的一个问题是有关一些已经注销的受益成员的信息。一名数据仓库用户的信息使 Arroyo 发现，每个月有超过 41 000 名保单已被注销的受益成员在数据仓库中仍然被显示为有效的受益成员。在了解到该情况后，Arroyo 和她的团队立即着手分析和处理报告的问题。通过对数据仓库的进一步分析，她们发现以下情况：

- 每月有 99 490 到 171 385 名已被注销的受益成员在数据仓库中仍然被标注为有效的受益成员；
- 一些受益人的亲属被标注为有效的受益成员，但是与其对应的医保受益人已经被注销；

- 一些非医疗保险的产品存在保单的受益成员的受益信息丢失；
- 一些目前幸存的配偶的保费被计算了两次；
- 有 45 000 ~ 64 000 名被标注为有效的受益成员，实际上已经终止了其保单。

Arroyo 用过去连续 27 个月的数据绘制了一张错误数据的控制图，如图 7.2 所示。该图显示出已注销保单却在数据仓库中仍被标注为有效受益成员的数量变化。为确定这个客户信息问题造成的经济损失，Arroyo 和她的团队通过继续分析发现报销系统已经向那些业已注销保单的受益成员支付了超过 1 600 万美元的报销金。

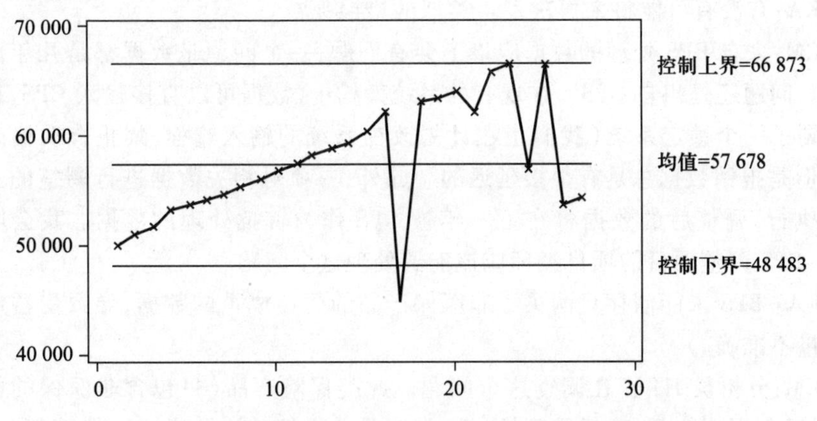

图 7.2　已经注销保单但被认定为“有效”的受益成员的控制图

得到上述结果之后，Arroyo 立即与受益管理部的经理面谈。受益管理部的经理是保单注销业务流程中的一个关键性角色，而此时他正在准备调换到一个新的职位。下面是 Arroyo 与该经理面谈记录中的部分内容，其中 CM 代表经理、KA 代表 Arroyo。

KA：在数据仓库 PARIS 中，每个月有 45 000 ~ 64 000 名受益成员的保单实际上已经被注销了，却仍然被标注为有效的受益成员。你知道导致这个问题的原因吗？

CM：可能是因为客户资源部（customer resources，CR）同时向报销管理系统（claims processing system，CPS）和受益管理系统（benefits processing system，BPS）发送了注销保单的通知，但是 CPS 只从客户层级而非保单的受益成员层级注销了该保单。负责业务流程改进的团队曾建议将所有的注销功能统一到一处。在现有的系统架构中,保持 CPS 和 BPS 同步是一个很大的问题。如果将注销功能移动到一个区域,那么数据可以更直接地传递给 CPS 和 BPS。重新整理的过程应该同时完成——正像球在新区域和受益区之间移动不应该掉落。

KA:现在是谁在具体管理这个流程?

CM:如果我理解正确的话,注销成员流程现在是由 CR 负责。如果我们能发现新的有效的流程在工作,那么会采取一次性的操作移除这些应已注销的受益成员的数据。我会继续跟进,确保落实相应的措施并了解其反馈情况。

KA:我还发现一些已被注销的受益成员被标注为有效的受益成员。对于这个问题你怎样看?

CM:CPS 已经计划通过一次性的清扫操作来清除这些数据。

KA:有没有可能将来再次发生类似的错误呢?

CM:来自 BPS 处理的数据应该不会有问题,一个问题是数据都是几年前输入的。问题还是出自 CPS。在现有的系统架构中,数据可以直接输入 CPS,现在已规划了一个锁定系统(我们正在计划改变系统的输入流程,禁止自动输入数据),但是报销数据总是有很多延迟的。此外,一项对相关数据进行调整的工作正在执行,调整后的数据将在下一年被 BPS 作为首批处理的数据。我会联系 CPS - BPS 调整项目的项目经理应该能够处理这个问题。

KA: BPS 未能储存只购买了非医保产品的受益成员的数据,导致受益成员的数量不准确。

CM:分析员 HT 正在调查这个问题。此类保险产品(只包含非医保的保险产品)已经退出市场,今后重新推出这类产品的可能性也非常小。尽管如此,重新审视修复过去的记录将是一项巨大的工程,因为不准确的受益成员数据储存在什么地方,以及由此可能产生多大的花费并不容易测定,我们有必要对此进行深入的投资回报分析。还有一种可以修正此问题的解决方案是使用新的产品编码体系。BPS 可以处理新的编码,但是这也将是一项十分艰巨的改进工程。

与受益管理部经理的会谈使得 Arroyo 更透彻地了解了当前的全局情况和可能涉及的人员。Feelwell 由总部和五个分部组成。第一分部包括公司的数据仓库 PARIS、数据仓库相关的部门(公司系统部),以及数据质量经理 Arroyo 和她的团队。第二分部负责管理 BPS、CPS(这两个系统都向 PARIS 输入数据)和注销流程。第三分部也参与在注销流程中。数据仓库的内部数据用户分布在整个组织中。

在分析数据质量问题的诱因时,Arroyo 和她的团队对此次会谈中的一些观点给予了特别关注,包括:

• “如果我们能发现新的有效的流程，那么我们会采取一次性的操作移除这些过去成员的数据。我会继续跟进，确保落实相应的措施并了解试运行的情况。”“一项对相关数据进行调整的工作正在执行，调整后的数据将在下一年被BPS作为首批处理的数据。”此后，Arroyo确认启用新的注销流程试运行的时间比预定的计划至少推迟了几个月。

• “来自BPS的数据应该不会有问题，……CPS - BPS调整项目的项目经理应该能够处理这个问题。”遗憾的是，事实证明，BPS的数据也存在问题，而且CPS - BPS调整项目被搁置了很多次，以至于很多人怀疑这个项目是否能够最终完成。

• “CPS已经计划通过一次性的清扫操作来清除这些数据。”对数据质量问题的一种常见处理方法就是执行一次性的修复和校正（一种数据清理的方式）。即使这些方法能够暂时发挥作用，但它们无助于找出引发问题的根本原因，被暂时掩盖的问题最终会再次出现。

7.3 组建跨部门的团队

Arroyo从与注销流程相关的业务和技术领域中招募了团队成员，最终形成了代表着数据采集者、管理者和消费者的跨部门团队。这个团队将在未来的6个月内保持每6周一次会面。会面期间，团队成员以两三人的小组形式进行更为频繁的交流互动。可行性和经济效益是团队挑选将要研究问题的主要考量。对于受益成员信息的多个问题，团队决定从已经被注销却依然在数据仓库中显示为有效受益成员的数据以及由此产生的花费（1 600万美元）入手。

即使跨部门团队具有比较广泛的代表性，在实际工作中还是面临许多挑战。就像一名分析师说的，“在还没有经历过或者出现问题征兆的部门中确认可能导致某些问题的原因，就好像是在邻居家院中挖洞来推测他家水管故障的原因一样。”

其他的挑战包括：

• 时间和资源有限。

• 没有人或团队清楚整个事件的注销流程和所有与此相关的参与者。

• 很难确定某个流程的管理者。

• 很难寻找所需要的信息，并确认有谁知道这些信息。

• 负责处理结果和面对不良后果的部门会深切地感受到问题的痛楚，但是造成这种痛楚的部门却根本感觉不到存在问题，导致一些部门在对问题进行深入分析时动力不足。

7.4 采用一种框架：建立并测试假设

团队采用了假设建立并验证的方法作为分析的基础，如图 7.3 所示。当出现一些错误之后，团队能够设立因果假设，接着对假设进行测试。这个过程将重复多次，直至这个假设中连贯的逻辑能够加以解释并被理解。例如，因为 CPS 的作用是处理报销请求，在时间和空间上 CPS 与团队的关系很密切，受益管理部的经理也认为是 CPS 引起了问题，所以最初的一个假定是 CPS 可能是问题的根源。然而，经过初步调查，团队发现了导致注销流程和相关成员数据出现问题的可能性及其诱因。

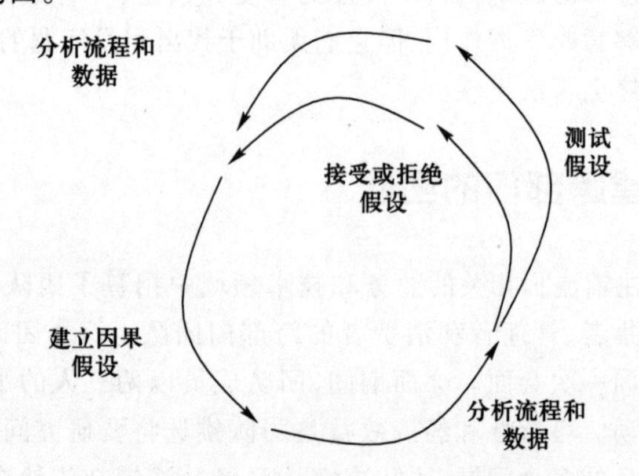

图 7.3 在 Feelwell 组织中建立一个假设并测试这个假设

来源：Katz - Haas and Lee, 2002, p. 21

为了证实或者推翻假设，团队进行数据分析，跟踪执行记录，并进行面对面访谈。访谈的问题包括："如果 A 部分停止，是否能解决出现的问题并防止未来出现问题？如果 B 部分在工作，如何解决出现的问题并预防今后可能发生的问题？""如果 C 部分停止或者开始运作，会引起其他方面的问题吗？会造成什么影响？哪些负面影响可以减低？"

Arroyo 和她的团队认为，一个问题的产生不只是单个因素造成的，而是在沉积于自身持续不断的动态循环中累积的承诺、决定和行动的结果。

7.5 关键信息

受益成员的数据对任何医疗保健组织都十分重要，受益成员数据包括成员统计数据,常常被用于产品和服务的绩效分析、常规的报告,以及业务和财务企划。受益成员统计数据常用于计算中的汇总。如果统计数据不准确,那么由此带来的风险几乎会涉及公司的每一个业务流程、每一个职能和每一项决策,而且这些风险可能引发的代价也很高,包括制定应急方案、将时间浪费在重复的工作中、耗费时间却没有带来相应增值的活动、支付不必要的报销账单、造成不准确的趋势、不恰当的成员服务、项目缺乏资金或者资金过剩、错失时机、失去客户群、不适当的利率等糟糕的决定。

成员信息会被印制在多种内部和外部的文件中。出现数据错误或者不一致会严重地削弱组织的市场地位。此外,成员数据的持续出错还会导致监管机构的处罚。

7.6 找出数据质量问题的诱因

医保记录注销流程的启动标志是收到客户关于不再与公司继续签订保单的声明。注销的信息会经过各个部门、各种职能、各条业务流程和数据库,并最终用于停止该客户医保报销支付、统计受益成员的总数、承保、撰写管理报告以及作出商业决策。

为了找出原因,团队需要透彻地理解这些完整的、动态变化的注销业务流程——不仅仅是设想的情况,更要关注实际执行的情况。团队需要识别医保记录的注销流程、子流程、数据库和数据元素,以及注销流程中涉及的所有的单元、人员和业务功能。为发现他们所需的信息,团队成员多次与各个级别的员工面谈,收集资料、数据分析结果和其他人为信息。同时,他们开始观察一些典型环节和子流程,这些环节和子流程被认为可能在复杂系统中导致或者容许出错,例如职能之间的接口、通信系统崩溃问题、复杂性、时间周期和延时、缺乏反馈的流程等。

工作中的实际运作、组织架构、信息系统的流动方式是相互关联的,同时也具有相互无法影响的独立性。这意味着当信息系统自身出现一个问题时,绝不能简单地认为这个问题只与某个系统有关或者与某个系统无关。

绘制业务流程图、组织相关的面谈、业务流程和数据流的反复对照分析,同时考虑控制障碍和可能的诱因,这对于弄清楚信息与流程之间的关系十分有帮助。之后,团队绘制出更为详细的信息产品地图,并识别出一些“漏洞”。图 7.4 和图 7.5 反映了团队发现的工作结果,这些图仅代表了整个组织的一小部分。

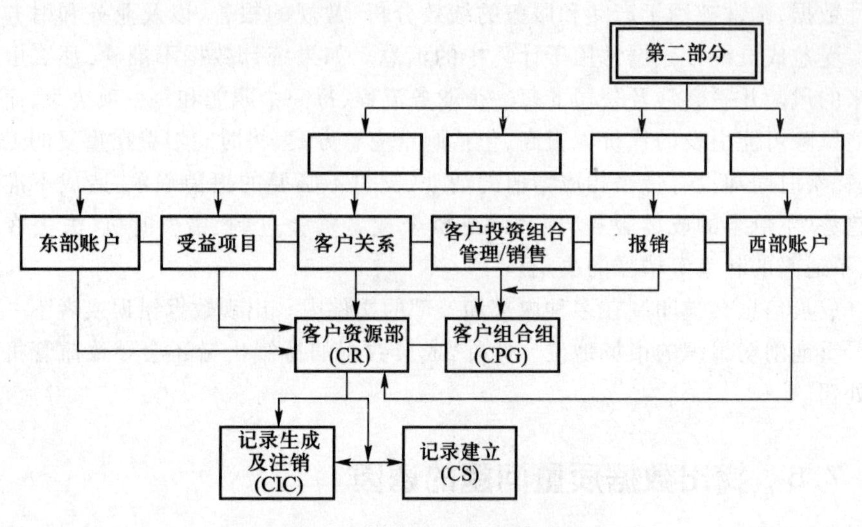

图 7.4　医保记录的注销流程

可以注意到，这些简化后的关系图仍然十分复杂。客户资源部(CR)实际上分属三个子部门；医保记录的生成和注销(CIC)以及记录建立(CS)分属四个子部门。客户组合组(CPG)由来自报销、客户关系、客户投资组合管理和客户资源管理部门的代表组成。图 7.5 显示了业务流程、数据流、与记录注销流程相关的流程、部门和数据库，以及与数据仓库(PARIS)之间的关系。

为了找出早先发现的问题的原因，团队分析了所收集的面谈记录数据、会议记录、电子邮件、工作文件、观测数据和处理流程。

1. 不必要的流程的复杂性造成数据的错误传播

团队逐渐地了解到医保记录注销流程的复杂程度。在 Feelwell 中一个与其他业务流程相关的简单流程涉及了公司 5 个分部中 3 个分部的共计 15 个部门，包含 18 个二级流程、60 个三级流程、7 个数据系统，需要超过 300 名员工参与处理。流程中存在着很多不必要的数据传递。例如，一名医保记录生成和注销(CIC)业务员填写医保记录变更表的一部分，再将表交给受益分析业务员填写注销日期和原因。受益分析业务员再通知 CIC 分析员此表格完成。之后，CIC 分析员需要进入受益管理系统(BPS)更新适当的数据。缺乏了此步骤或者在此步骤中出现任何的差错，发送的注销通知就不会传送到受益成员层面，其他与该步骤相关的流程和下游的流程也不会发现应该注销却未被注销的受益成员。团队的分析发现，CIC 没有意识到可能对流程下游部门造成的后果和由此带来的

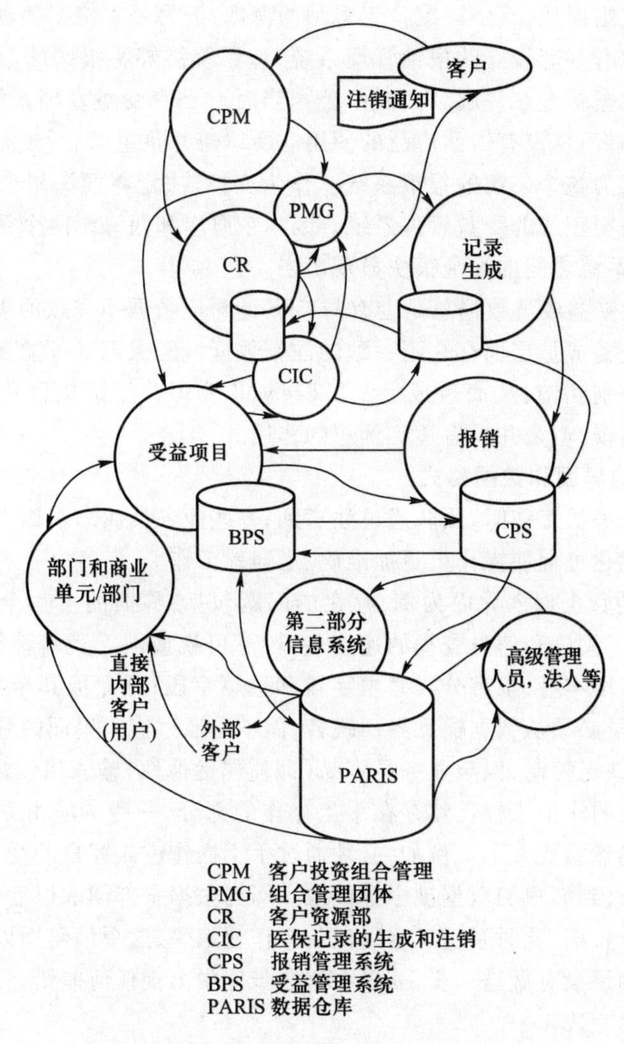

图 7.5 医保记录的注销:数据流与业务流程之间的关系

来源:Katz - Haas 和 Lee,2002,pp. 24 - 27

花费。此外,来自原始的注销通知的信息会被传递到多个不同的但相互没有交流的数据流中,导致数据的冗余和不一致。

2. 数据的多源性

Feelwell 公司的发展历史也是可能导致 CPS 出现问题的一个因素。该公司是通过兼并和收购其他公司逐步发展起来的。最近和最大的兼并是由两家相当规模的公司重组而成,其中一家位于美国西海岸,而另一家位于美国东海岸。东海岸公司当时有一套较好的报销管理系统,该系统能够将报销的数据与大量的受益成员的数据结合在一起。西海岸公司当时有一套受益管理系统,但是该系统的稳定性不好,也没有得到广泛的使用。所以兼并重组以后,东海岸公司的报销管理系统成为整个公司的报销系统。作为交换,决定将西海岸公司的受益管理系统作为公司正式的受益管理系统。因为东海岸和西海岸两个系统都存在冗余数据,两个系统之间的混乱很快显现出来。

BPS 中的受益成员数据总是会有与 CPS 的对应数据不一致的现象。CPS 在保单层面和受益成员层面存在不一致的注销数据。医保记录可能在不同系统的不同层次被分别注销,从而造成混乱。Feelwell 公司曾尝试执行一些数据重整方案来纠正错误,但是并没有达到预想的作用。

3. 劣质的界面和数据格式

在观察业务员工作时,团队成员注意到,一些业务员纠结于输入界面。数据输入界面的优化可促使操作员更加准确、迅速地工作。

以 BPS 的数据输入界面为例,存在的问题包括:界面的书写全部是大写字母,从而减慢了阅读和信息查找的速度;字段不可视或缺乏逻辑性组织;很难区分字段名和字段本身;很难分辨必填字段和选填字段;界面极其杂乱无章;查找代码时,业务员必须从数据输入界面跳转,而不是通过嵌入界面的列表轻松地获取代码;字段缺乏控制,以至业务员容易(即使偶然性地)输入错误数据。

医保记录的注销流程仍然存在手工操作的部分,一些本应由系统自动完成的数据操作仍然需要人工。例如,必须通过手工操作进入客户的受益记录,并删除截止日期,直到客户的数据被全部读取。而当数据全部读取以后,又必须手工重新输入截止日期,此时系统又会返回一个作业编码,这个编码用以追踪相关的受益成员。如果没有做这一步,或者在这些步骤中出现任何差错,受益成员的注销就不会彻底完成。

4. 数据流中断及数据流缺乏连续性

BPS 并不总是能够成功地将反馈数据传递到受益成员层级。当传递失败时,BPS 不会生成错误报告。这意味着受益管理业务员必须查出这方面的信息,再注销留存的受益成员。相反,当此步骤被忽略时,那些未被成功注销的成员将继续存在于系统中,而当前的流程环节和下游的业务流程都不会发觉。BPS 不产生错误报告这件事情并不是广为人知。请思考下面这段对话,来自于 Arroyo、受益管理经理、客户资源经理和负责医保记录建立的经理之间。

受益管理经理:之前我确实没有考虑到竟然有这么多需要执行的工作。有时工作会遇到障碍。但是错误报告必须被查取而后才能用于识别问题。需要人工介入和跳转的工作在这个流程中不只一处。

Arroyo:你知道这种情况发生的频率吗？或者我在哪里能找到相关的报告？

受益管理经理:你能给 Arroyo 一份报告吗？

客户资源经理:当一项工作完成时,CIC 会将工作转交给受益管理部,由他们负责查找并解决错误。记录建立经理,你能告诉我们给 Arroyo 的报告应该在哪里吗？谢谢。

记录建立经理:你是说终止工作的错误报告吗？我们没有这样的报告。受益管理部需要手工生成仍然显示为有效的受益成员的报表并手工进行终止,甚而需要更多的手工操作步骤。

受益管理经理:你是说注销工作不会生成错误报告吗？为什么不能？

客户资源经理:开发者没有设置这个功能,因为他们非常自信,假设不会有任何错误。

依据 Feelwell 的政策和流程,当所有的受益成员都与记录注销相关时,受益管理部应该通知客户投资组合小组。然而事实上,这种情况并不会经常发生,因为没有相应的措施来提醒和监督受益管理部这样做,也缺乏阻止受益管理部进入下一环节的控制。其他的状况也存在相似的问题,例如,当数据读取操作的个数超过 BPS 的控制上限时,其中一些操作将被取消。因为 BPS 不生成错误报告,CIC 业务员不得不记住在第二天重新执行一些工作。但是,如果业务员忘记了检查,就没有措施来提醒他们。因此受益成员的信息就不会完全删除。对应地,没有哪个下游的环节会知道这个错误的存在。

5. 数据的传送不及时

从收到客户的注销通知到注销通知传递到报销管理系统的过程常常存在延迟。一名被注销的受益成员的报销账单,从第一次接受医疗服务的日期到保单被注销的日期,可能会在相关注销信息之前到达报销管理系统。

CIC 的业务员指出,由于注销数据的更新存在延迟,CIC 未能及时地收到注销通知。团队开始寻找拖延的原因。

客户组合管理(销售部门)本应及时通知客户资源部,并且在收到通知的三天内将注销信息输入数据库。销售人员为新客户开设账户会受到工作职责的奖励,而完成与注销保单相关的书面工作则会放到次要地位,因为这可能会占用了本可以开发出新账户的时间。

有时候客户注销保单只是需要多一点的考虑时间,之后又会重新申请同样的医疗保险。因此,客户资源部门花费了大量时间和精力来恢复这些保险单。

一般来说,这个部门应该在注销生效的日期之前至少两周公布注销信息。然而,由于缺乏资源,并且为了避免大量的恢复操作,客户资源部更倾向于刻意地推迟发布注销数据,直到生效日期的前一周,但是他们没有意识到这种拖延将导致流程下游环节出现问题。这类的延误正是一个由于未记录和沟通不足的局部适应性变化在组织系统内引发数据质量问题的典型例子。

7.7 本章小结

Feelwell Health Systems 经历的问题与第 6 章中描述的若干根源性因素密切相关。例如,东海岸和西海岸运作截然不同的系统的融合就是一个典型的数据多源性导致数据质量问题的例子。劣质的界面例证了复杂数据的表示方法会导致根源性问题。时效性问题与消费者的需求变化密切相关。在本案例中,一些变化的需求可能很短暂,但是组织仍须作出及时的反应,甚至应该提前考虑到可能发生的这些变化。

Feelwell Health Systems 案例说明,在试图识别数据质量问题并深究其根源时,组织可能面临的复杂状况。正如我们之前所说的,需要选取一种严格的、合乎逻辑的、可持续的和协作的方法。然而,最终的结果使得组织将在健全的基础上解决问题,改进数据质量,并形成可持续的数据质量提升规划及其环境。

第8章 信息的产品化管理

本书贯穿始终的一条主线是将信息产品化,即采用管理产品的方式管理信息,这是本书中介绍的观点和策略所依托的关键公理之一。本章将阐述这一概念,严格界定并详细研究信息产品的管理需求。在本章中,将主要介绍概念及其界定,同时对信息产品化所需的要素做出详细的分析。本章是第9章的先导,在第9章中还将进一步介绍一种具体的信息产品地图技术。

8.1 信息产品

将信息看做产品的观点由 Wang 等人在 1998 年首次阐述。基于组织遇到的数据质量问题的调查,组织需要把信息(数据)看做产品、看做最终交付的对象,满足数据消费者的需求。与之相反的是,信息常常被当做是副产品。之所以会被当做副产品,是因为组织错误地把关注的目标聚焦在系统上,而不是在信息上。

此处改进了信息产品的一般定义。首先需要定义数据元素(data element)的概念。数据元素是操作环境中具有实际意义的最小数据单位。一个数据元素可能是一个实体的属性、一条记录的一个字段,也可能是一张表。需要指出的是,最小单位必须有明确的解释。出生日期、社会保险号和姓名都可以作为数据元素,例如 1985 年 3 月 1 日、026 - 345 - 6723 和 John Doe。

将信息产品(information product,IP)定义为满足数据消费者需求的数据元素的集合。这些需求的来源可能是组织需要做出决策、制作报告,或者是政府需要提供报表,例如政府部门向申请人提供其出生证明文件。

将信息看做产品来管理需要根本性的改变对信息这个概念的理解。要实现信息的产品化,必须遵循以下四项原则:

- 了解数据消费者的信息需求;
- 把信息当成具有明确界定的产品;
- 把信息当成具有生命周期的产品;
- 任命信息产品经理管理信息产品。

对这四项原则的应用构成了管理信息产品的方法，它们是保证信息传递一致性的关键。在接下来的内容中，将使用四个案例来说明信息产品化方法，为信息产品化提供理论论据；还将指出不使用这种方法的消极后果，进而提供一个有助于推行信息产品化管理的框架。

8.2 四个案例

以下四个案例分别代表了不同风格的企业，如图 8.1 所示。总体而言，它们体现了信息产品化的四项原则，也能够呈现出未采取信息产品化方案的负面表象。

金融服务公司
存储和制造基于客户需求的信息产品

眼镜公司
高质量的信息生产过程传递高质量的镜片

化工公司
检查信息产品的生活周期

数据公司
来自所有信息生产过程的制造成本必须包含在信息产品中

图 8.1　把信息看作产品来管理——案例分析

某金融服务公司是一家在业内领先的投资银行，拥有广泛的国内和国际业务。它的客户需要立即开设一个新账户执行交易，新账户必须与该客户已经开设的账户关联，并且所有账户的数据必须保持准确、实时和一致。公司的政策要求，客户的账户余额数据必须实时更新，以确保多个账户之间符合最小余额规则的约束。如果账户管理业务出现问题，那么会导致公司在资金上出现巨大损失。此外，根据法律，如果联邦犯罪调查局发觉某个客户有犯罪行为，那么，公司必须依法立即关闭该客户所有的账户，为此公司必须确保客户账户数据的及时性和全面性。

某眼镜公司通过全国各地的零售店销售眼镜。零售店接受顾客的眼镜订单,然后将眼镜的规格数据发送给加工室研磨加工镜片。公司有4个加工室,每个加工室每周收到的眼镜加工订单超过25 000单,而加工的眼镜是否满足顾客的要求在很大程度上依赖于零售网点发给加工室的订单数据的质量。如果加工订单的数据存在问题,那么镜片的生产将受到影响。

某财富500强的化学工业公司,其核心业务主要在石化领域。根据法律规定,对于每一种化工产品,化工公司必须出具材料安全数据清单(MSDS),清单中的内容包括产品的潜在危险、危害及其应对的预案。由于瞒报危险品信息的责任成本极高,公司必须提供准确的、完整的、及时的、易懂的数据清单。化工公司有一套良好的流程来创建这些数据清单,每当开发出一种新的化工产品后,材料安全数据管理组会联系专家撰写该产品的材料安全数据清单。

某数据公司从数百万的零售店获取数据,每周采集的数据数以万计,再从数据中挖掘零售店顾客的购买偏好信息。数据公司在其系统中使用了大量的计算智能的方法来确保提供高质量的信息,包括一套使用多年的人工神经网络数据挖掘系统和处理缺失数据的估算流程。例如,该系统能够校正由于错误或数据传输失败导致的缺损数据。然而,公司没有正确地认识自身的信息生产过程,导致其在定价时出现问题。

8.3 四个原则

1. 了解数据消费者的需求

金融服务公司和眼镜公司必须明确两种类型的客户:外部客户和内部客户。两家公司分别提供了一个当企业不明白客户需要时所发生的例子。

就其外部客户而言,金融服务公司必须迅速建立新的账户,及时更新客户的风险状况,并掌握客户所有账户的数据。在不恰当的风险水平下投资可能招致客户的大量不满,甚至需要赔偿客户的损失。而对其内部客户而言,金融服务公司必须提供实时的客户账户及其余额数据,避免不同的内部客户由于使用各自本地维护的数据库而出现数据不一致。

对于眼镜公司来说,满足客户的需求就是向客户提供度数正确的镜片,而这依赖于零售网点向加工室发送规格数据正确的镜片订单。如果验光师(提供镜片订单数据的人)错误地理解了加工室需要的数据(内部数据消费者),那么会导致很多镜片成为废品。这通常是由于验光师与加工室沟通不畅,传递的数据不符合要求导致的,重新制作镜片需要花费额外的费用并带来时间的延误,同时也必将降低外部客户的满意度。

2. 把信息当成具有明确生产过程的产品

金融服务公司有一个集中式的客户账户数据库。每天晚上,公司会整理当天的交易数据并更新客户账户的余额。客户的其他信息,如客户的风险等级,则在方便的时候通过其他渠道更新。然而,这种渠道仅仅把信息作为一种副产品来处理,而不是作为一个通过明确界定的信息生产过程得到的信息产品。很多因素,比如客户的一个需求就可以触发变化。此时,只有一个明确界定的生产过程才会系统地查验客户行为和随之而来的风险变化。

金融服务公司内部的数据消费者认为客户的账户信息是不可信的。一位副总裁曾开玩笑地说:"公司的所有人,除了咨询员,都能够很'荣幸地'更新客户的账户信息"。为了解决这个问题,一些部门自行开发了客户账户数据库。这导致本地的账户数据大量增长,相互之间却缺乏数据一致性。这些数据库是分别针对各个部门自身的具体需求定制的。因为各部门总是先更新自己部门的客户数据,所以本地数据库中关于自己部门的客户数据总是比集中式数据库中对应的数据更及时。各个部门都将数据的采集和处理作为其本地业务的副产品,独立于公司对于准确掌握客户及时的、全面的数据需求。

3. 管理信息产品的生命周期

对应于传统的营销概念,这里把信息产品的生命周期定义为从信息的引入开始到信息过时被废弃结束的全过程。信息产品的生命周期可以分为四个阶段:引入期(introduction)、成长期(growth)、成熟期(maturity)和衰退期(decline),引入期又称为创建期(creation)。化工公司正是一个未遵循信息产品生命周期原则的典型案例。尽管化工公司有一套良好的流程来创建数据清单,但是这个流程并没有继续延伸到整个信息产品的生命周期过程中来确保清单中数据的质量。由此带来的后果是,随着经验的累积和科学研究的进展,新发现的有危害性的数据不一定会被写入数据清单。随着时间的推移,清单中的数据的质量不断恶化。

在金融服务公司不断变化的运营环境中,公司需要更新的生产流程获得更高质量的信息产品。然而,金融服务公司没有采用管理客户账户数据的全生命周期的模式来适应新的全球战略、法律因素和竞争环境的挑战,导致投资银行可能遭遇潜在的巨大问题。在其全球性的业务运营中,公司没有能够稳定地使用客户账户数据。例如,一些有足够信用的客户由于数据问题未被允许交易或者未被允许支出其全部余额。在没有人工操作的情况下,公司不能追踪客户的单个或者多个账户的余额,不能关闭有犯罪活动的客户的所有账户,也不能精确地评估客户的风险水平。

4. 任命信息产品经理管理信息处理过程及其产品

使用信息产品经理的概念来指代组织中的一类功能角色。不同的公司常常使用不同的称谓和头衔,这主要依赖于其具体的岗位责任和管理层级。在金融服务公司中,信息产品经理的职责是持续地监测和获取数据消费者的需求,整合这些多样化的需求,再将获得的知识转化为持续改善数据质量的过程。没有信息产品经理,金融服务公司恐怕难以对信息处理流程给出度量和控制。例如,投资银行无法通过某种控制方式来确保客户的风险水平数据是按照规定持续更新的。客户账户的建立过程没有标准化,也没有检测。最终,公司难以度量按时创建的账户数量和账户的客户数据是否已经更新。管理层把主要注意力放在交易等创收行为上,而信息技术部门则把自身定位于被动地应对交易部门关于更新客户账户数据的请求。当公司设置了信息产品经理以后,公司将能够获得更好的风险管理和客户服务——对金融业的企业来说,这是走向成功最关键的两个因素。

在 20 世纪 90 年代初,金融服务公司聘用了一位信息技术主管。这名主管拥有数据质量的理念,也掌握有流程再造、商业应用等领域的丰富知识。在他的领导下,公司开始注重信息产品的概念。在 CEO 的支持下,他制定了一套跨职能的方案,通过一个工作流程模型对散落在客户服务、商业运营和信息支撑等多个部门的客户账户数据进行整合,获得高质量的客户账户数据的流程自此确立。

8.4 把信息当成副产品来管理是无效的

数据管理者总是习惯于把信息当做系统的副产品来看待和管理。但是对于数据消费者来说,信息应该是产品而不是系统的附庸。在比较这两种看待信息的态度时,需要考虑五个因素:管理什么、怎样管理、为什么管理、成功的标准是什么和谁来管理,见表 8.1。

表 8.1 信息的产品化管理和信息副产品化管理对比

	信息产品化	信息副产品化
管理什么	信息产品 信息的生命周期	系统的软硬件 系统的生命周期
怎样管理	整合的 集成数据采集者、管理者和数据消费者角色	整合烟囱系统(stove - pipe system) 控制单一组件 成本控制

续表

	信息产品化	信息副产品化
为什么进行管理	为数据消费者提供高质量的数据	开发和维护高质量的硬件系统及其软件系统
成功的标准是什么	在信息产品的生命周期中持续地提供高质量的信息 避免无用的信息	系统运行正常 没有系统错误
由谁管理	首席信息官(Chief information officer,CIO) 信息产品经理	首席信息官 信息技术主管和数据库管理员

资料来源：改编自 Wang et al. ,1998

1. 管理什么

组织经常错误地把管理重心放在生成信息的系统(软、硬件)的生命周期上,却忽略了信息本身。此时,组织难以获得额外却必要的知识进而实现有价值的数据质量。例如,在眼镜公司中,镜片加工的指令与镜片的度数是有区别的,尽管两者同样重要。指令如果错误,那么镜片的度数也会出错。在把眼镜卖给顾客的过程中,公司关注的重点应该是数据传递给加工室的流程,而不是获得和传递这些数据的系统。

2. 怎样管理

当组织把信息看作副产品时,组织的关注点是软、硬件系统的生命周期,而信息的生产则是旁枝末节。管理层的注意力只是放在系统的组件上,并常常试图对组件做出成本控制。然而,他们错误地把组件孤立成互不关联的个体,而忽略了它们是整合的统一体。

眼镜公司的案例可以展现组织把注意力放在组件上会出现的结果:当被问及镜片重新加工的数据时,信息技术经理说:“我们知道有15%的错误率”。这句话隐含的假设是错误是由于加工设备导致的。所有的注意力都集中在加工流程的硬件和软件组件上,而忽视了镜片订单的数据。局外的观察者易见,验光师和加工室之间的交流障碍才是导致错误率居高不下的原因。大量的错误来源于验光师下订单的方式与加工师所理解的订单存在不一致。例如,验光师在“特别需求”字段中填写指令,而加工师却忽视了这条指令,因为在他们看来,加工指令不应该填写在这个字段。此外,信息技术部门也是导致问题的原因之一。信息技术主管主要的注意力放在硬件和软件的升级上,却没有高度重视如何解释被传输数据的每个功能。没有人试图以跨越职能角色的视角来看这个问题。

由于眼镜公司没有将订单看成信息产品来管理,每年需要返工的镜片超过 4 万个。企业不仅每年要耗费超过 100 万美元的返工成本,而且还要承担顾客不满意带来的各种损失。眼镜公司没有把验光师和加工师分别看作数据采集者和数据消费者,更没有看成整个系统的一部分。

金融服务公司则是另一个误把管理重心放在独立组件上的案例。公司的本地数据库在每个部门都得到优化,但整体却没有真正整合起来。作为内部数据消费者的账户管理员只能获得满足本地需求的本地数据库的数据,没有权限访问集成的、全局的数据库来发现新的机会。账户管理员所能获取的部分数据削弱了他们管理风险、改善服务、增加利润的能力。

3. 为什么将信息视为产品进行管理

可以常常看到,信息技术部门强调着信息系统及其组件的质量,而不是提供给数据消费者的信息产品的质量。而后者需要全面了解数据消费者的需求和质量标准。

眼镜公司的案例展现了过度和错误地强调组件的改进带来的后果。“特别需求”字段的本意在于改善“书写订单”组件,但是事实上却丝毫没有改善提供给加工室的数据的质量。这虽然使得验光师的工作变得简单,却是以牺牲数据消费者(加工师)的利益为代价的。

与眼镜公司相反,数据公司快速转变为信息的产品化管理。公司开始把完整的信息传递过程看作一个整合的系统实施管理:在全公司范围内采用全面数据质量管理(Total Data Quality Management,TDQM),通过投资对技术装备实施现代化升级,通过与数据采集者的协作产生更高质量的信息,构建数据消费者能够直接报告数据质量问题的流程。公司在把信息产品传送给数据消费者的过程中,认识到与数据消费者协作的必要性。

即便是高度重视了综合的生产流程,一些交流和沟通的障碍仍然可能存在。例如,数据公司的定价问题,就是由于固定的成本在公司内部没有很好的沟通。成本的数据虽然是正确的,但是没有能够以一种市场部习惯的方式呈现出来。例如,像间接管理费用这样的数据,没有能够准确地传递给销售人员。久而久之,销售人员不再信任信息技术部的成本数据,而是在合同的招标价格上直接忽略了间接管理费用。当这一情况被报告给负责市场的执行副总裁时,他辩解说:“也许我是没有根据成本来定价,但是我必须对成本有所了解。”尽管数据公司在激烈的市场竞争中保持了领先地位,但是其边际利润率却很低。为了避免这样的问题,必须确保组织中的每一个人都能理解数据需求背后的目的,这也是组织采用信息的产品化管理的重要原因之一。

4. 成功的标准

把信息当做产品而不是副产品来管理,改变了成功的衡量标准。不同于用是否有漏洞来评价一个计算机系统的优劣,公司的成功应该用信息对于数据消费者需求的匹配程度来衡量。只关注于计算机系统反映出的问题是一种短视的观点。最初生成的信息也许没有差错,但是人们很少关注产品生命周期的过程中出现的变化。

化工公司材料安全数据清单的质量随着时间不断下降的经历就是一个典型例证。公司没有意识到在产品的生命周期中把高质量的信息产品传递给数据消费者的重要性。在化工产品投入市场以后,新的危险随着不断累积的实践经验和新的科学研究成果暴露出来。随着这些新知识的出现,公司本应该更新材料安全数据清单,然而很多时候公司并没有这样做。公司依据最初的高质量的数据定义自己的成功。然而,信息的生命周期不同于产品的生命周期,成功的真正衡量标准取决于产品理论,取决于对信息生命周期安全质量的评估。

5. 由谁管理信息产品

当组织采纳信息的产品化管理模式并进行跨职能角色的管理时,组织需要设置一套与之相应的管理架构。组织需要聘任一名信息产品经理,这个职位有别于首席信息官(chief information officer,CIO)。CIO 的职责是领导组织数据库的审查和监督工作;数据库管理员则是直接管理数据库,并向 CIO 负责。在前述的四个案例中,数据质量问题的解决都需要管理层的介入。研究表明,来自管理层的介入者绝不应该是数据库管理员,因为他们的岗位职责是监控数据库的输入和访问。我们强调的职责,其重点不在于数据的生成和传输,而是包含数据采集者、数据管理者和数据消费者的跨职能的集成体系。

前述四个公司的案例给我们的直接启迪是,它们需要信息产品经理。虽然没有使用相同的头衔,但是后来每个公司都设置了类似信息产品经理的岗位。他们运用信息的产品化管理理念指导信息管理。

8.5 本章小结

本章提出了信息产品化的概念:明确信息产品的定义,提出一系列的将信息看做产品来管理的原则和规则,并介绍信息产品经理的岗位职责。在第 9 章中,还将继续介绍一种信息产品的形式化建模——信息产品地图。虽然这种方法的研究和实践尚处在起步阶段,但是已经能够证明其在管理信息产品时的巨大效用。在第 2 章探讨数据质量的价值定位时,已经初步谈及该方法的多样性。

第9章 开发信息产品地图

为了实现信息的产品化管理，组织不仅仅需要理念层面的支持，更需要模型、工具和技术。组织可以借助前几章中介绍和讨论的方法培养数据质量意识、识别数据质量问题的根源。这些方法是信息产品经理和数据质量分析师工具箱中的一部分。这些方法连同信息产品地图(information product map，IP-MAP)，将共同组成信息产品化管理的强大工具箱，能够切实有效地支持组织的数据质量项目。

需要特别指出的是，开发信息产品地图的标准化方法仍处于研究阶段，本书中呈现的理念和思想也在不断发展和完善。然而，这些理论和思想已经展现出它们是可用的且是有用的。现在，一个由学者和数据质量领域的实践者组成的专家委员会，也称为“标准组”(standards group)正致力于建立信息产品地图的开发和维护标准。

9.1 信息产品地图的概念、定义和符号

首先，回顾一下第8章中介绍的数据元素和信息产品的基本定义。数据元素是操作环境中具有实际意义的最小数据单位，信息产品是满足数据消费者需求的数据元素的集合。

信息产品的定义与之前研究中提及的信息产品的直观或者非直观的含义一致。作为一个一般性的定义，任何致力于信息产品地图领域的研究者和实践者都可以使用信息产品的概念。

截至目前，标准组已经提出了一套初步的信息产品地图的符号和组件标准。这个标准主要基于 Ballou 等人(1998)、Shankaranarayan、Ziad 和 Wang(2003)、Wang 等人(2002)的研究。本章中，将直接引用上述研究的成果。

一张信息产品地图是系统化表述一种信息产品生产或者创造的全过程的一种形式。信息产品地图必须使用标准的符号约定。标准组明确了四种信息产品类型：

- 标准类型：此类信息产品有预先设定的格式，并且是按照周期性的计划或者按照需求生产的。例如，典型的商业报表、月账单、工资单等。

● 点对点类型:这些实体可以有灵活的、非提前定义的格式。当需要时,它们可以按照需要和定制进行创建。

● 存储类型:这种类型包含那些有物理意义的记录、文件和数据库集合。

● 自由格式类型:这种类型包含那些没有事先严格定义格式却有实际意义的数据,包括数字化的多媒体数据(如视频、音频等)和非数字化的书本、期刊等印刷品。

提高不同类型的信息产品的数据质量需要采取不同的策略。虽然每一种类型对应于不同的信息产品,但是都可以通过本章中介绍的方法和符号约定绘制 IPMAP。

虽然 IPMAP 的符号约定正在不断拓展,但是现有的标准集已经足以描述信息产品的创造过程。在表 9.1 中,列出了信息产品地图的基本符号约定和每一种组件的介绍,包括组件的定义、符号和一些简单的例子。随着信息产品地图越来越广泛的应用、与之相关的新知识越来越多的获得,符号约定的标准集也将会不断修改。

表 9.1 信息产品地图指南

名称	定义/目标	实例	符号/缩写
信息产品	供数据消费者使用的,由人、机械或者电子的工作创造的数据的最终集合	出生/死亡证明、医院账单、学生成绩单、眼镜镜片加工订单、银行的月对账单、信用记录报告、邮件标签	IP_i →
原始数据	在一个预先定义好的过程中充当原始材料的数据单元的集合,这个过程最终将生产出一个信息产品;这些数据或信息来自信息产品的外部	单个数字、记录、文件、电子表格、报告、图像、动词短语	RD_i →
中间数据	用来生产信息产品的暂时的、半成品信息的集合。数据可能是在信息产品地图中产生,并用来创造最终的信息产品	文件摘录、中期报告、半成品的数据集	CD_i →
源(原始输入数据)模块	用来代表每个原始输入数据项的来源,为了生产用户期望的信息产品,这些数据必须可供使用。这个模块常用的其他名称有:数据源、数据供应商、起始点	来自患者、顾客和校友的数据	DS_i (五边形)

续表

名称	定义/目标	实例	符号/缩写
客户（输出）模块	用来代表信息产品的消费者。这个模块中的用户具体指出那些组成最终信息产品的数据元素。在信息产品地图模型中，数据消费者提前定义了信息产品。这个模块常见的其他名称有:数据池、数据消费者模块、目的点	经理、消费者、患者、保险公司、邮局	CB_i
数据质量模块	首要目标:用来代表数据项中对数据质量的检查,其对创造一个零缺陷的信息产品很重要。和这个模块相关联的是一些在特定的中间数据项上执行的数据质量检查。这个模块的输出可能有两种:“正确”流（概率是 p），“错误”流（概率是 $1-p$）。输入是原始输入数据项，还可能有一些中间数据项。 这个模块的其他名称有:质量模块、评价模块、检查（审查）模块	手工检查、电子对账、错误检查、匹配检查、数据核查	QB_i
处理模块	初级目标:用来代表对创造信息产品所必需的操作、计算或者组合,其涉及部分或者全部的原始输入数据项或中间数据项。 次要目标:用作数据纠正模块。当检测发现输入到数据质量模块的数据元素集出错时,就需要一些措施来纠正。这个模块代表在特殊情况下使用的一个过程,并非标准处理流程的一部分。任何经过纠正模块的原	更新、编辑、数据获取、上传、下载、创建报告、创建文件	P_i

续表

名称	定义/目标	实例	符号/缩写
	始输入数据项或者中间数据项都可以被认为是干净的,可以不需要返回到数据质量模块而被下一模块直接使用。 这个模块的其他名称有:处理模块或数据纠正模块		
决策模块	在一些复杂的信息制造系统中,根据特定数据项的重要性,可能有必要把一些数据项指向另一个不同的下行模块集合来进行下一步处理。这种情况下,决策模块用来捕获需要被评估的不同情况,以及根据评估结果得到的用来处理传入数据项的步骤	同样一个和出生相关的数据项集合,既可以用来生成出生证明,又可以用来生成人口统计局的人口报告,还可以生成一个报告附加在新生儿血样上用来测试先天性疾病	D_i
数据存储模块	用来代表对存储文件或数据库中数据项的捕获过程,以便在接下来的处理过程中使用。存储模块可以用来代表等待进一步处理,或者已被作为信息目录一部分而获取的数据项(原始数据或中间数据)。 这个模块常见的其他名称有:数据模块、信息存储模块	数据库、文件系统	STO_i
信息系统分界模块	用来反映原始输入数据项或者中间数据项从一个信息系统到另一个信息系统时所发生的变化,这些系统变化可能是业务内部或者跨业务的单位	数据从纸质媒介录入成电子表格	SB_i

续表

名称	定义/目标	实例	符号/缩写
业务分界模块	用来表示原始输入数据项或者中间数据项由一个组织单位交给另一个组织单位的实际例子，用来明确指出信息产品、原始输入数据项或中间数据项跨越部门、组织边界的移动过程。这个模块也被称为组织分界模块	从外科到患者单元的数据	[BB_i]
信息系统-业务分界模块	用来定义原始输入数据项或中间数据项同时跨越业务边界和系统边界时发生改变的情况。这个模块的其他名称有：信息系统-组织分界模块、信息系统-组织组合模块	数据从护理部的Windows操作系统转到数据管理部的IBM RS/6000集群，或者从管理单元的RDC Ultrix转到管理部的IBM RS/6000集群	[BSB_i]

信息产品地图和数据流图(data flow diagram)有某些相似之处。任何时候，要描述数据流和数据的转换，不同的图示方法也总有些相似之处。然而，IPMAP绝不仅仅是一个简单的数据流图，相比于数据流图和实体关系图(entity relationship diagram)，IPMAP传递着更为丰富的信息：数据采集者、数据管理者和数据消费者都包括其中；在生产过程中的利益相关者的参与度、发挥的作用等相关信息也被标明出来；系统的基本结构、组织的基本架构和具体的职能职责等信息更需要详细的呈现。信息产品地图的一个重要特性就是它包含数据质量维度的信息。Ballou等人(1998)在他们的研究中指出了数据质量维度，尤其是时效性是如何包含在信息产品地图的一些模块中的。

9.2 绘制信息产品地图的步骤

绘制信息产品地图的步骤体现出标准组的提议本质。对于一个组织而言，标准组的提议应该被用作一类方法，能够识别、映射、分析优先级并着力改进信息产品的数据质量。下面将重点介绍绘制一张信息产品地图的四个步骤。

步骤一：选择用于绘制信息产品地图的“信息产品”。选择构成信息产品基本模块的数据元素。针对不同的情况，可以用不同的方法来完成这一步工作。

例如,可以通过观察和分解信息产品获得数据元素;又如,当难以清晰地鉴别和描述一个信息产品的时候,可以采用自底向上的方法挑选出一个或多个看起来对这个信息产品很重要的数据元素。绘制出 IPMAP 以后,相关的数据元素的集合会逐渐精炼(增加或者减少)。

步骤二:确定数据采集者、数据管理者和数据消费者。必须明确是谁在创造、采集和输入数据,是谁在负责维护数据,以及是谁在使用数据。

步骤三:描述信息产品的抓手在于准确获知每个数据元素的数据流、转换过程,以及数据流之间的相互关系。

步骤四:确定职能角色,确定相关的系统,确定涉及的个体及其对应的职责。

此时,可以将其他信息融入信息产品地图中。一般来说,建议按照下面的顺序进行:

- 绘制实体流/工作流;
- 绘制数据流;
- 绘制系统基本框架;
- 绘制组织基本架构及作用。

此外,信息产品集合的详细目录(Pierce,2005)有助于管理信息。下面将进一步讨论信息产品地图的符号约定,并通过案例加以说明。

9.3 建立信息产品地图的一个案例

在本节中,将介绍一家医院绘制 IPMAP 的过程。这个案例来自 Shankaranarayan、Ziad 和 Wang(2003)的研究。一家大型医院的业务和数据操作、流程很多,研究将重点关注其中的一小部分,包括办理住院手续环节、住院治疗环节和办理出院手续环节。

有五个信息产品与这三个环节相关。它们使用的数据来自于两个重要的渠道:① 患者;② 直接或者间接负责患者事务的医院工作人员,包括医生、护士、化验技师、放射科医生、治疗师、行政和财务管理人员等。每一个信息产品都只使用大数据集的一个子集。第一个信息产品是住院报告(IP_1),定期(每天、每周、每月)上报给医院的管理部门,它提供了住院人数、预计住院时间和患者情况,是监测医院的病床和医技设备利用率的重要手段。第二个信息产品是患者的治疗记录(IP_2)——记录每天都会产生,而后被加入患者的病案。治疗者(医生、护士)用治疗记录监测患者的疗效。这两个信息产品是医院内部使用的,而另外三个信息产品则是送往外部机构的。第三个信息产品是出生/死亡报告

(IP_3),报告要递送到人口统计局登记处。健康报告(IP_4)是第四个信息产品,医院每年要向卫生管理部门提交两次医院的健康报告,报告的内容包括接受治疗和出院的患者的种类、所患疾病、疗法和出院的原因。最后一个信息产品是患者的账单(IP_5),账单要寄送给保健组织/商业医疗保险公司用于医保报销。这是一个明细的账单,需要逐条列出医院向患者提供的医疗服务及其收费,包括设备使用收费、医事、药事收费、检验检测收费,以及手续费等。

患者的住院报告(IP_1)的信息产品地图如图9.1所示。患者可以在三个地点办理住院手续:入院处、急诊室和妇产科。患者(或者其监护人)填写表格提供患者的信息(来自数据源 DS_1 的原始数据 RD_1)。入院处的录入员通过一个基于表格的界面(处理过程 P_1)把这些数据输入到医疗管理系统中。经过这个过程,纸质媒介的数据转化为电子数据,如系统分界模块 SB_1 所示。与该界面相关联的软件模块检查表格的完整性并核实保健组织的医保信息,如检查过程 QB_1 所示。原始的数据元素经过检查后,转换为中间数据 CD_1,而后送往存储模块。

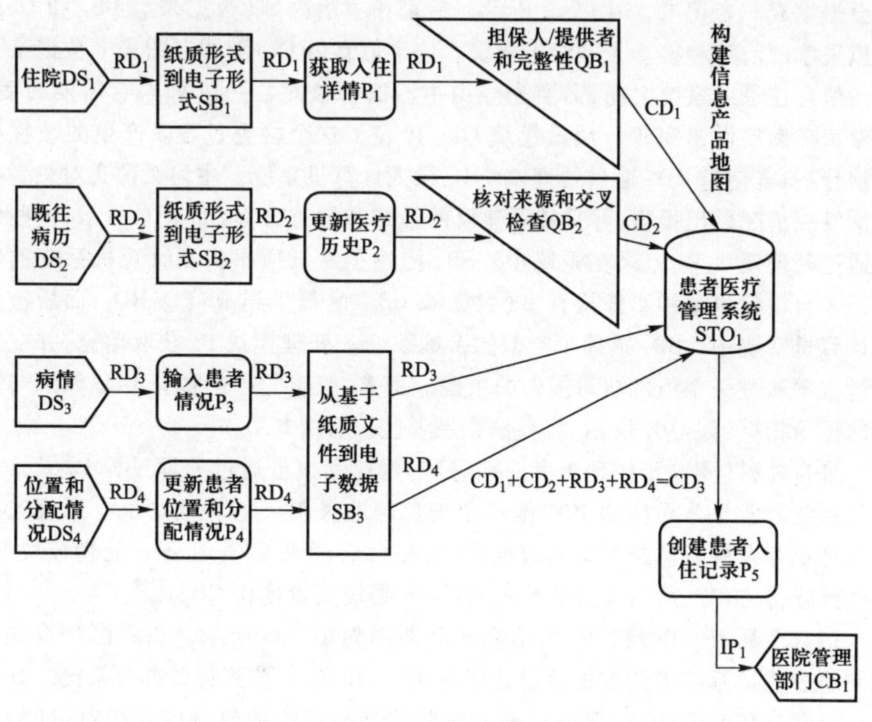

图9.1 患者住院报告的信息产品地图

来源:改编自 Wang 等,2003

在办理完住院手续以后，负责该患者的病房护士将给患者分配一个标明病房类型（ICU、一般病房）的床号，同时观察患者大体的情况和病情发展趋势。护士在图表上记录下这些数据（RD_3 和 RD_4）（注意，将 DS_3 和 DS_4 看作两个数据源，因为这两项任务有可能是由不止一名护士完成的），再把数据输入计算机系统（处理模块 P_3 和 P_4）。因为下游的系统改变了，所以用系统分界模块 SB_3 标识这个改变。将得到的患者病历（源模块 DS_2）、信息（RD_2）用来更新系统（处理模块 P_2）中患者的病案。这些记录要经过核对，以确保它们来自于患者授权的正确的数据来源，如果有必要，这些数据还需要与生成它们的医疗办公室进行核对。质量模块 QB_2 描述了上述检查过程。产生的中间数据 CD_2 被送到存储模块。所有这些数据都记录在患者医疗管理系统 STO_1 中。信息产品 IP_1 由处理过程 P_5 产生，它使用一个逐渐累积的称为 CD_3 的中间数据项的集合。它被送往医院的管理部门，就像消费者模块 CB_1 显示的那样。

一旦完成住院手续，医生和护士建议的治疗方案和患者曾经接受的治疗方案会先生成一个记录，如图 9.2 所示。专家和主治医师（数据来源 DS_7 和 DS_8）对拟采取的治疗和检查方案给出建议。这个信息（RD_7）随即在图表上被记录下来。信息在录入系统之前，需要先经由主治医师核对，并且（如果有需要的话）与专家磋商后做出完善。质量模块 QB_4 代表了这个检查过程。产生的被授权的治疗/检查信息 CD_5 通过处理模块 P_8 录入计算机系统。主治医师会对患者的病情发展情况做出报告，并且签署建议的治疗和检查方案，如 RD_8 所示，这些信息通过处理模块 P_9 记录在系统中。SB_5 描述了从纸质报告到计算机系统的转变。来自检验科室和影像检查室（数据源 DS_5）的报告组成信息 RD_5，而后被录入计算机系统中。SB_4 描述了类似的系统改变。处理模块 P_6 获取信息，并在这个过程中通过一个组件核对报告的来源。由 P_6 产生的中间数据 CD_4 如果与患者的记录相符，如 QB_3 所示，将存储在患者监护系统 STO_2 中。

来自外科（不同于护理患者的部门）的建议和报告通过处理过程 P_7 录入计算机系统。业务分界模块 BB_1 阐述了信息跨业务单元的转换情况。所有这些信息都储存在患者监护系统的数据库中，如存储模块 STO_2 所示。处理模块 P_{10} 产生治疗报告（IP_2），然后送给护理人员（数据消费者模块 CB_2）。

信息产品 IP_3、IP_4 和 IP_5 的信息产品地图如图 9.3 所示。患者医疗管理系统和患者监护系统中的数据通过处理模块 P_{11} 和 P_{12} 上传到行政办公系统。其中的记录都是相匹配的，以保证正确的住院信息与正确的治疗信息相对应（如质量模块 QB_6 所示），产生的中间数据 CD_{10} 存储在行政办公系统的数据库中，即 STO_3。因为这是三个不同的系统，既需要显示出转化过程中的系统改变，也需

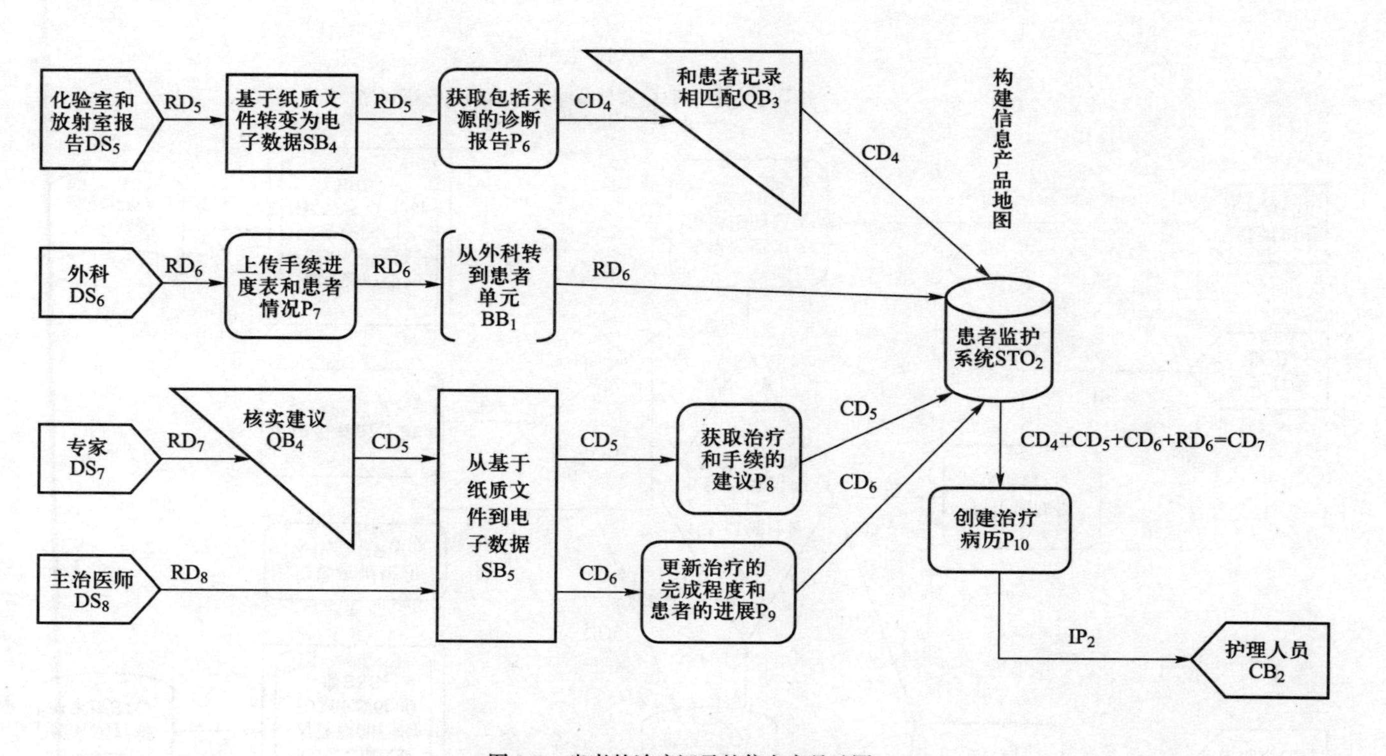

图 9.2 患者的治疗记录的信息产品地图

来源：Wang等，2003

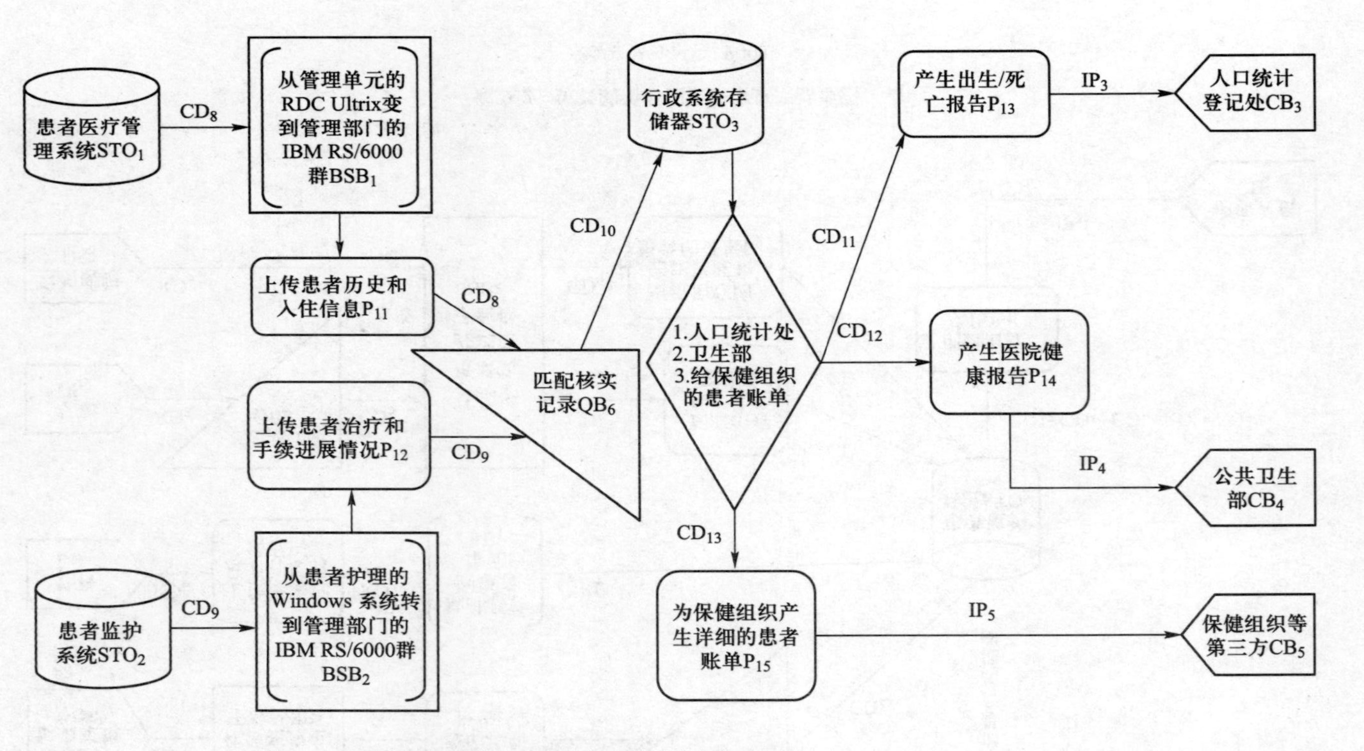

图 9.3 人口报告、健康报告和患者账单的信息产品地图

来源：Wang等，2003

要抓住信息改变了业务边界这个事实。所以，使用混合系统业务分界模块 BSB_1 和 BSB_2 来表示这些转换。处理模块 P_{13} 产生了人口统计报告 IP_3，送往数据消费者——人口统计局登记处（CB_3）。处理模块 P_{14} 和 P_{15} 分别产生医院的健康报告 IP_4 和患者的账单 IP_5。卫生管理部门（CB_4）和保健组织（CB_5）分别是这两个信息的数据消费者。用来产生每一个信息产品的数据项的集合是不同的，图 9.3 中用中间数据项 CD_{11}、CD_{12} 和 CD_{13} 来表示。

为了完成展示，需要抓住每一个模块的信息和模型中每一个数据流的数据元素。这与数据流程图的数据字典类似，称为与模型相关的元数据。它存储在一个容器内。由于这个模型完整的元数据太大，无法全部列出，表 9.2 展示其中的一小部分。

表 9.2　图 9.1 所示的信息产品地图的元数据

名称/类型	部门/作用	位置	业务处理过程	基本系统构成
住院 DS_1	住院部/患者	入院处、急诊室、妇产科	标准表格（#1101P）	基于纸质的患者文件
既往病历 DS_2	住院部/住院部业务员	入院大楼、病案室	在患者授权下联系来源和请求	基于纸质的患者文件

来源：Wang 等人，2003

9.4　本章小结

本章介绍了信息产品地图（IPMAP）的概念和绘制 IPMAP 的符号和图形化的约定。建立信息产品地图是一种新的尝试，IPMAP 的符号约定还在不断发展和完善中。然而，信息产品地图的演绎是在组织中评价、诊断和传递数据质量到个人所必需的。在诊断数据质量的问题时，IPMAP 是一个必不可少的工具。在大多数组织中，没有单独某个人或几个人了解与信息产品的关键集合相关的全部程序、系统、人员和组织单元。绘制 IPMAP 是方便管理一个组织采集、存储、维护和使用数据的一种机制。

附录　基于 IPMAP 的图形化编辑软件

在本节中，将介绍一款 IPMAP 的图形化编辑软件——迅图。迅图软件基于目前最新的 IPMAP 符号和图形化标准集。迅图软件实现了 IPMAP 的图形化编辑,使用该软件能够简化 IPMAP 的绘制过程。

1. 图形化界面介绍

软件采用常见的 MDI 多文档模式。用户启动软件后呈现的主界面如图 9.4 所示。

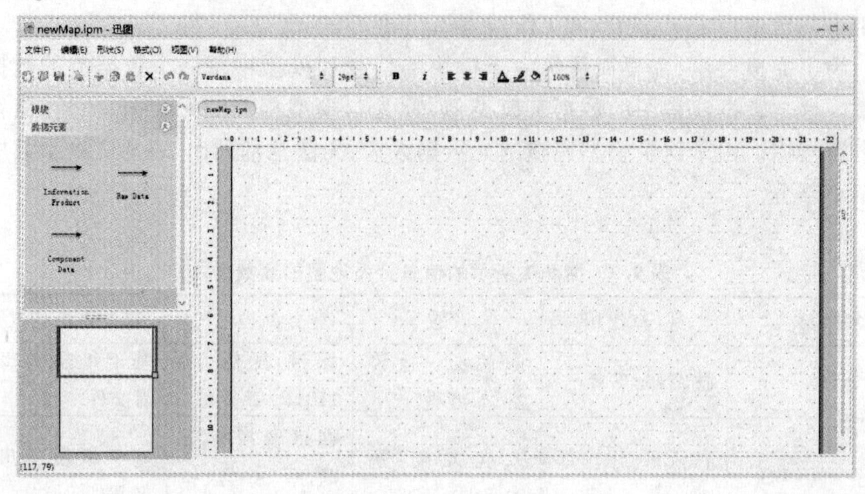

图 9.4 迅图主界面

界面左侧为功能区,右侧为 IPMAP 编辑绘制区。用户可以通过单击标签页在不同文档之间进行切换。位于顶部的菜单栏使用通用的分类方式列出了软件大部分操作,如图 9.5 所示。用户可以通过鼠标选取,也可使用标注的快捷键进行操作。

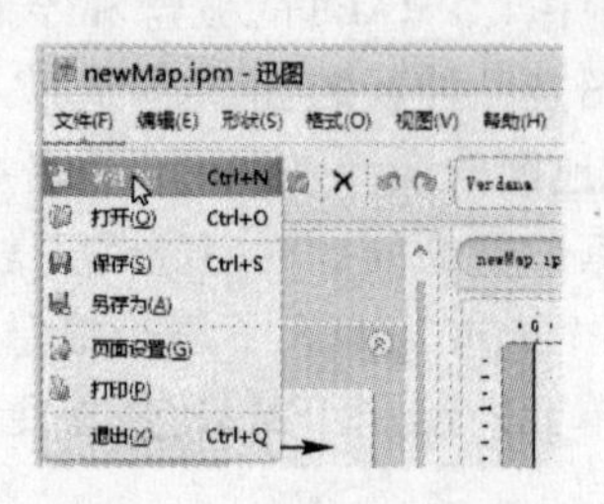

图 9.5 “文件”菜单栏

2. 创建新模块

用户通过从左侧的图形选择面板拖动相应模块进入右侧编辑区域来添加新

的模块，如图 9.6 所示。

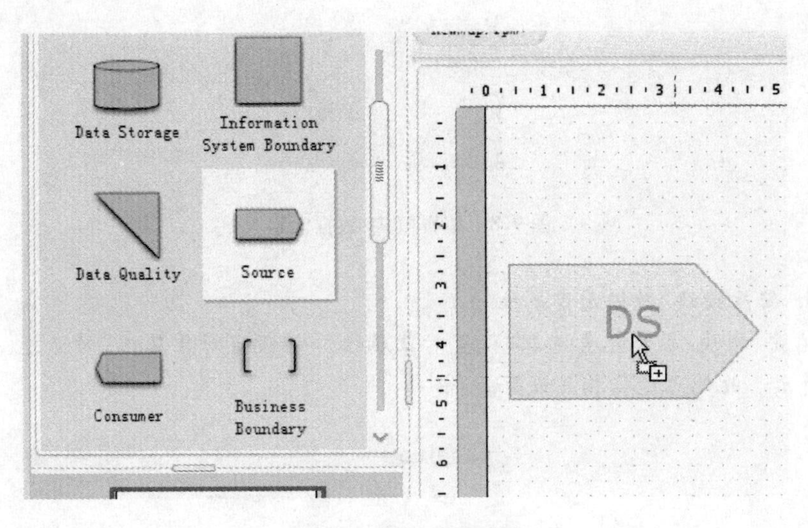

图 9.6　图形选择面板

3. 创建数据元素

用户可以通过与添加模块相同的方式，从左边选择区拖动相应数据元素进入编辑区来完成添加操作，也可以直接点击选择区中的数据元素，此时选中数据元素成为默认元素，当从编辑区中已存在模块中心拖动鼠标时，自动创建此默认数据元素；若在空白区域松开鼠标，则自动创建与源模块相同模块，若在另一模块上松开鼠标，则使用此数据元素连接这两个模块，如图 9.7 所示。

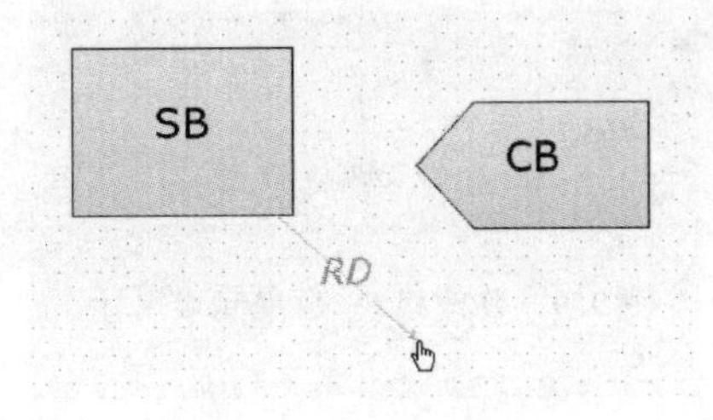

图 9.7　创建数据元素

4. 编辑模块/数据元素标签

双击，模块/数据元素进入标签编辑模式，此时可编辑标签内容，如图 9.8 所示。

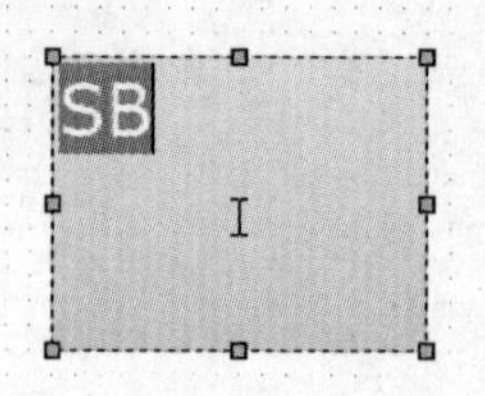

图 9.8　编辑模块/数据元素

5. 修改模块/数据元素属性

右击，模块/数据元素选取“设置对象属性”→“设置对象属性”对话框，如图 9.9 所示。此处可进行相关设置。

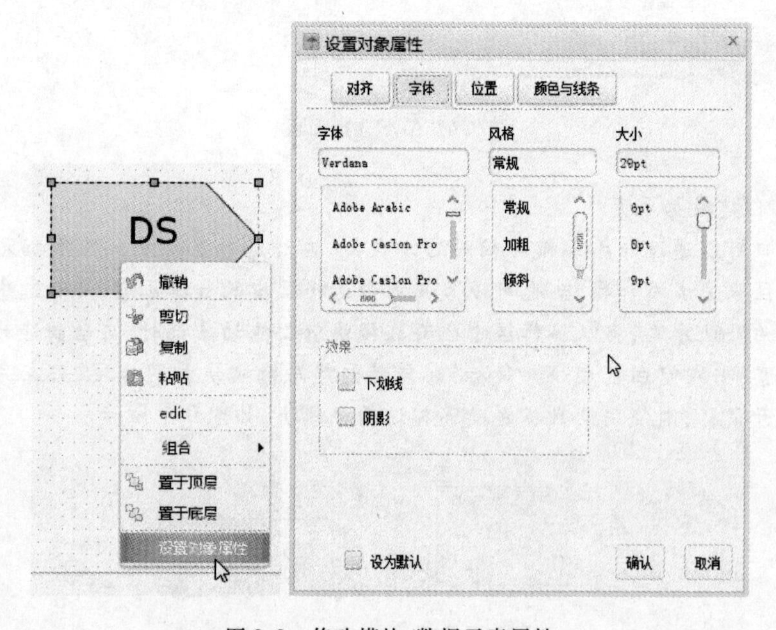

图 9.9　修改模块/数据元素属性

6. 通过文档大纲快速定位文档

当所编辑的 IPMAP 区域过大移动不便时，可通过拖动文档大纲上的蓝色矩形框快速在文档中定位，并可拖动矩形框右下角进行快速缩放，如图 9.10 所示。

7. 安装与维护

本软件使用 Java 语言编写，本身可运行于多种操作系统中，如 Windows、Unix、OS X、Linux 等。为方便用户使用，本软件提供已打包好的可执行安装文

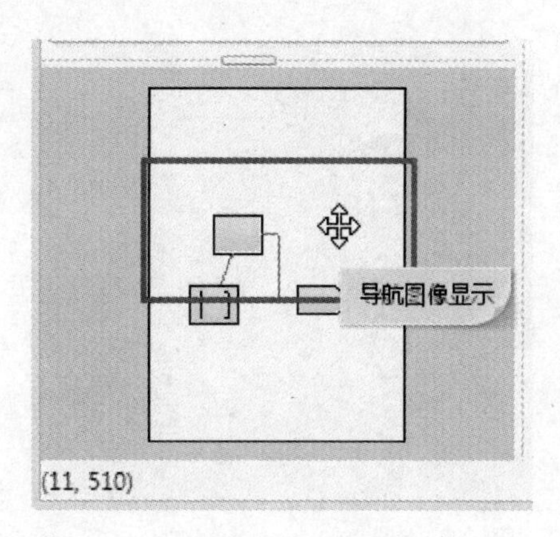

图 9.10　文档定位

件,针对不同平台进行特定安装操作。用户只需运行特定平台的安装程序,根据提示操作,即可完成安装过程。用户配置文件存储位置在不同操作系统上有所不同。在 Windows 操作系统中,位于:

% APPDATA% \IPMAP Editor\config

其中% APPDATA% 为系统变量。

对于 Windows Vista 之前的操作系统,一般为

C:\Documents And Settings\{username}\appdata\roaming

对于 Windows Vista、Windows 7、Windows 8 及更新的操作系统,一般为

C:\Users\{username}\appdata\roaming

其中{username}为用户名。

在类 Unix 操作系统中,一般位于用户文件夹的.IPMapEditor 文件夹。

第10章　数据质量实践
——一家大型教学医院的案例

第8章介绍了将信息作为一种产品管理的概念；第9章介绍了信息产品地图(IPMAP)的构建以其形式。在本章中，将讲述一家大型教学医院的数据质量实践案例，包括不同信息产品地图的使用。这些IPMAP被研发用于模拟、分析和改进患者层面数据的质量，而这些数据都是医院必须提交给监管机构——州政府健康计划和发展部(the Office of State wide Health Planning and Development, OSHPD)的。

10.1　LTH健康系统案例研究

LTH健康系统由一家拥有875张床位的大型教学医院及其附属的执业医师团队、门诊部和全方位后急诊设施组成，包括经过良好训练的护理服务单元、复健单元和一套家庭医疗保健体系。该医疗中心是美国西部最大的非营利性医疗机构之一，年住院患者(包括产妇)约为50 000人次，门急诊患者约为150 000人次。

和大多数以医院为核心的健康保健实体一样，LTH系统调取业务交易系统的数据(住院、出院、转院、病历、患者账单、检验、药事)用于组织的战略分析和应对外部监管机构的数据要求。这种业务交易数据一直被认为是向患者提供的医疗护理服务的副产品，处于次重要的位置。而且在很多方面，医疗保健系统中数据传输的“黄金标准”最终是记录患者病历的手稿。然而现在，许多重要的发展策略企划——诸如临床服务质量和效率的提升、业务发展分析等，以及需要向监管机构和政府提交的报告，都被认为存在隐患。原因在于，用来监测和支持这些组织业务流程的数据，要么被认为是不正确或不完整的，要么在一定程度上存在错误。

达到令人无法接受程度的数据质量不仅危及到组织在充满竞争的医疗服务领域能否成功运营，也把组织推向被外部监管机构(例如美国劳工部监察长办公室或者美国医疗机构审查联合委员会等)审计的风险。LTH的领导层认识到数据是一项宝贵的组织资产,并认同如下的论断:服务于战略应用的、来自于不同内部交易系统资源的数据,必须基于富有智慧且严格规范的数据质量管理。管理层成功地引入并发展了以客户为导向的问责制,并且特别关注了过去6~8年中可度量的持续性改善。在本章中,将由此讨论这些信息质量问题。从1997—1998财年开始,信息质量目标已被纳入年度的计划流程中。

1. 数据质量背景

LTH数据质量计划的领导者组成了数据供应小组(data provider group, DPG)。该小组是在1996—1997财年的后半期由CEO特许组建的跨部门的工作组。小组的任务是处置组织中发现的数据不一致现象,原因是不同的部门使用了不同的数据库,而这些数据库中的数据理应是相同的。小组的工作由负责医疗事务和财务的常务副总裁主持,小组成员包括分管医疗事务、信息系统和财务的三位副总裁和来自下列部门的代表:信息系统、绩效管理、病案管理和健康信息管理、患者收费、成本审计、预算、医保报销。

从1997年3月开始,为了推进信息系统的职能向以客户为导向、更加高效的方向转变,分管医疗事务的常务副总裁(注:分管信息系统的副总裁向常务副总裁负责)重构了信息系统的功能,并且定期与管理部门商讨变更的职能。这些改变包括:对于信息系统,建立一个由多部门的数据消费者组成的、新的监管体系;一套系统化评估从信息系统中提取的所有信息新方法;系统性地更换过时的软、硬件,包括普及个人计算机和建立公共电子邮箱、日程安排系统;建立组织的局域网,用于在线发布各类信息;建设一个新的Oracle数据仓库;安装一套新的通用数据查询/报告生成工具用以数据分析。

DPG在1997—1998年度的目标是,开发并完成一组基本的在线管理报告。DPG将其工作计划分解到6个子小组负责,其中一个子小组专注于数据质量问题。在线管理报告项目成功的标准是,整个LTH系统"对管理报告的满意度有所提高"。DPG决定采用IQA调查问卷(详见第3章)测量满意度的变化,并建立一套为整个LTH系统的数据消费者的评估基准,首次IQA调查在1998年12月完成。紧接着,1999年5月完成了第二次IQA调查。

当在线的管理报告项目完成以后,由DPG授权的数据质量子小组继续拓宽至更广泛的工作领域,并由此形成了数据质量管理工作组(data quality management working group, DQMWG),负责建立一套系统地识别、监控和处置数据质量问题的方案,以确保数据的适用性,即满足LTH决策的数据需求。DQMWG由数据采集者、数据管理者和数据消费者的部门代表组成,见表10.1。它的基本职能是建立不断更新的数据质量度量标准，为此，需要有规律地更新数据质量度量并图示其发展趋势，建立例行的识别、追踪和解决数据质量问题的流程。

表 10.1　数据质量管理工作组成员

部门/领域	数据质量角色
资源和成果管理	主席、消费者
健康信息	数据采集者、消费者
组织信息系统	数据管理者
患者财务服务	数据采集者
成本会计	数据采集者、消费者
物资管理	数据采集者、消费者
手术室服务	数据采集者、消费者
医疗网络服务	数据采集者、管理者、消费者
管理式医疗合同	数据消费者
病理科	数据采集者、消费者

因此，本章中描述的工作发生于这样的一个组织环境中：组织意识到需要积极地管理其信息产品，而且对应于此目标的管理领导层业已建立。尽管这项工作浓缩了近两年的努力，却也仅仅是一个漫长的旅程的起点。

2. 患者数据的提交

州政府健康计划和发展部（OSHPD）要求每家急诊医院每 6 个月提交一份数据报告，报告中应包括 31 项描述每个患者情况的数据元素，见表 10.2。州政府对这些所要求的每一个数据元素设立了详细的质量规范，并把这些规范作为政府信息公开的内容。存在不符合规范的数据报告将被拒绝批准，医院必须立即改正这些数据并且在规定的时间内重新提交数据报告。

最近，法规进行了变更，并规定如果医院未能遵从所制定的规范并未能在规定的时间内加以改正，将被处以罚款，罚款从截止日期开始按日累积计算。因此，对于提交给 OSHPD 的低质量数据而言，与之直接相关的成本增加为两种：返工修改错误的内部成本和来自外部的罚款。当然还有附加的成本，因为从医疗服务管理和战略分析的目标来看,这31个数据元素几乎涵盖了分析患者医疗活动所需的全部核心工作。这些数据的质量问题足以影响组织基于数据分析作出的决策。

表10.2 OSHPD要求的数据元素

序号	数据元素	序号	数据元素
1	患者的医疗类型	17	入院时的其他诊断
2	医院编号	18	主要治疗代码
3	出生日期	19	主要治疗日期
4	性别	20	其他治疗代码
5	人种	21	其他治疗日期
6	种族	22	主要电子代码
7	邮政编码	23	其他电子代码
8	入院日期	24	患者的社会保险号
9	入院来源/位置	25	患者处置
10	入院来源/许可证	26	总共费用
11	入院来源/渠道	27	记录摘要代码(可选)
12	入院类型	28	DNR
13	出院日期	29	预期的付费来源/付款者类型
14	主要诊断	30	预期的付费来源/保险项目类型
15	入院时的主要诊断	31	预期的付费来源/险种代码
16	其他诊断		

历史上,LTH提交给OSHPD的数据报告总是存在一个或者多个需要更正的数据元素。而且随着时间的推移,返工量并没有减少的迹象。这表明,尽管在每次提交数据报告时都紧急修正了存在的问题,但是组织并没有把提交的数据报告看作一类信息产品而对其数据质量做出系统性的改善。估算认为,每年组织耗费在数据更正中所要求的工时约为1 500~2 000工时。考虑到不

断返工耗费的努力，考虑到来自 OSHPD 更繁重的罚款，随着 DQMWG 作为一个实体的设立和运作，组织决定在数据质量项目中着力对提交给州政府的数据质量进行系统性的评估和改善。因此 OSHPD 的患者层提交数据质量改进工程正式建立。

10.2 提交数据质量改进项目

提交数据质量改进项目计划用 3 个月的时间研究如何改进这些数据的质量。LTH 采取传统的绩效提升方法，该方法用于所有的临床和管理部门的绩效提升活动。该方法基于如下的理念：所有的改进都是改变，但并非所有的改变都是改进。要确定一项改变是不是改进，必须阐明以下三个原则来衡量：

- 必须明确目标并清楚地描述将要完成的任务；
- 必须建立一个评价标准，用以客观地确定某个改变是否在适当的方向上产生影响；
- 使用计划—探索—研讨—实施循环（Plan - Do - Study - Act，PDSA）来测试和评价一系列假定为改进的改变。

那些确定是改进的改变会被继续实施。在质量改进项目的初级阶段，早期的 PDSA 循环专注于评估需要改进的工作流程。

3 个月的工期从 2000 年 4 月开始至 6 月结束，交付成果包括：

- 对所有要求的数据元素绘制数据生产流程图；
- 对每一数据元素，识别其生产流程中出现的故障；
- 提出预防未来再次发生故障的改进方案。

这项工程的好处在于，不仅可以避免为了更正错误所需耗费的高成本的返工和罚款，而且有助于组织制定整体的战略决策，以及符合联邦政府和独立医疗机构认证组织设计的外部监管方案。工程在最初的分析阶段使用了传统的绩效提升方法，从工作程序已经定义和描述中的初始分析阶段开始，提出了一些评估改进程度的可行方法，而后对于一些假定是改进的改变在工程周期中进行测试。如果是成功的，就可以施行。

LTH 注意到，采取“只修复”数据质量问题的尝试导致组织向 OSHPD 提交的数据报告被退回。绘制数据流图可以描述提交数据作为信息产品的创建过程，这对于最终改进数据质量具有决定性的作用。显然，在涉及的每一个信息系统中，都有很多不同的原因会导致不良数据质量，例如，录入不准确的数据、使用接口程序转换数据时出现非预期的结果等。而这些原因在于众多信息系统所构成的复杂环境而复杂化,以至于没有任何一个参与者能够独自解决任何一个具体的数据质量问题。

1. 获取背景信息

提交数据质量改进项目的最主要挑战来自于如何获取足够的背景信息,以便准确无误地描述信息产品自始至终的供应链。这个努力代表改进项目的第一个 PDSA 循环,其中会产生信息产品地图的草稿并且进行反复审查、修订和改正,直至最终产生一个普遍接受的版本。信息的获取是通过对涉及的每一个部门的代表进行一系列开放式的背景访谈。在这个项目之前,没有一种普遍接受的、能清楚地把信息产品作为整体工作流程输出的视角。相反,涉及的每一个部门都可以清楚的表达它自己的作用(尽管通常都是不完整的),每一个人都认为生产过程的错误都是由其他部门造成的。

评价提交给 OSHPD 所需的 31 个数据元素是为了鉴别最初产生它们的信息系统。在一些情况下,要求提交的数据元素在来源系统中并不是所要求的形式,这些元素必须在满足要求的其他程序中构建。在这些情况下,就要评价前期数据元素以鉴别它们的来源系统。很确定地知道所有要求的数据元素产生于三个来源系统:患者管理系统、医疗记录系统和患者账户系统。在这个基础上,明确对产生所要求的数据元素负责的部门代表,采访他们以获取并记录其对每一个数据元素在自身源系统中产生和管理所做出的独一无二的贡献,以及从每一个参与者的观点来看需要关注的事项是什么。

通过这些采访,还可以得到额外的信息,关于这些数据元素从来源系统中提取出去之后,以及在合并为最终信息产品之前的中间阶段中的转移、处理和存储过程。信息产品供应链中,负责这些中间步骤的部门和个人同样也被甄别并采访。类似的,负责数据合成和产生提交的输出文件等最后步骤的部门和个人也同样被搜集信息并接受了采访。在有些情况下,同样的部门和个人能负责生产过程的多个步骤,这些步骤不一定是连续的。需要采访大多数部门代表,以确定信息被正确地记录,并且回答因收集更多的信息而产生的额外问题。

最后,除了描述产生 OSHPD 提交数据的当前过程,还必须收集足够多的信息,使得 LTH 可以评价正在进行的建立新的信息系统对当前过程的影响。那时,我们就可以预见,两个相关的发展会对这个生产过程产生很大的影响。首先,在 18 个月以内,现在正在使用的三个来源系统中的两个(患者管理系统和患者账户系统)将会被一个正在建立的新的合并之后的信息系统取代。其次,取代这些系统中的一个——患者账户系统,将导致供应关系的中断,而历史上是通过这个关系向政府提交信息的。这个新的发展将意味着 LTH 将不得不开始为提交本身“切断磁带”,而不只是管理一个第三方以完成生产过程的这个步骤。

在所有这些采访中,只要有机会,同时会识别并且收集可用的背景文献。背景文献会被分析,用来确认采访中获取的信息。背景文献包含三个源系统的数据输入协议、来自 OSHPD 的数据定义和编辑标准、为 OSHPD 提交的布局参数以及 OSHPD 拒绝报告。这个报告用来量化和总结错误历史。

2. 绘制信息产品地图

尽管 LTH 从评价 31 个必需的数据元素开始,医院已经可以基于四个基本的信息产品地图及其组合描述信息产品,其中三个是针对源系统的 IPMAP,一个则是描述预期的信息系统转换。总的来说,这些地图反映了交叉功能的处理方法,和所在部门、实际位置、信息系统和业务处理过程的基础上多层次的分析数据流。三个地图显示了数据元素的流动,包括从在源系统产生到跨越多个接口,直至在要求的媒介上产生提交的数据集。第四个地图反映了一个迁移计划,其顺应期望的信息系统的转变。

每一个地图中“SMS 黑匣子”,代表第三方供应商在要求的媒介上聚集和提交给 OSHPD 要求的数据当前的处理过程。供应商内部的计算机环境是很复杂的,LTH 认为它不值得花时间仔细地进行研究,因为这个迁移计划要求淘汰所有供应商。为了创建信息产品地图这个目标,只要 LTH 知道进入“黑匣子”的是什么,出来的是什么,不管数据质量问题是医院的还是供应商的,有“黑匣子”的说明书就可以了。

10.3 信息产品地图

图 10.1 所示的 IPMAP 显示了产生于 Cascade 的医疗记录信息系统的 12 个所需的数据元素供应链。从图 10.1 中可见,所有的这些数据元素都来自患者的医疗记录,当患者出院时这些数据就进入健康信息/医疗记录部门。当编码器接收到患者的医疗记录时,便抽取这些数据元素,并把它们输入到 Cascade 医疗记录信息系统。通过每天的上传,这个数据就被自动地送往“SMS 黑匣子”,在这里这些数据被用于事务性的目的并存储起来。每 6 个月这些数据元素就和其他要求的数据元素整合在一起,然后放在给 OSHPD 提交的磁带或者盒子里。

图 10.2 所示的 IPMAP 显示了产生于 PMOC 患者管理信息系统的 15 个数

据元素的供应链。其中,4 个数据元素经历了简单或者复杂的转型,以便创造提交所需的其他数据元素。这些数据中的 14 个是由入院处在批准患者入院时,通过询问这些不同地点的患者后输入的。入院处的业务员从患者或者他们的家庭成员中得到数据,然后输入到 PMOC 患者管理信息系统。其中一个数据元素(床号)在患者医疗期间可能会被护士改动。出院日期这个数据元素只能由护士输入。通过每天的上传,这个数据就自动地送往 SMS 黑匣子,在这里这些数据被用于事务性的目的并存储起来。每 6 个月这些数据元素就和其他要求的数据元素整合在一起,然后放在给 OSHPD 提交的磁带或者盒子里。

如图 10.3 所示的 IPMAP 显示了产生于 SMS 患者账户信息系统的两个数据元素的供应链。其中的一个元素,医院的识别编号,是硬编码的,永远不会改变的。另一个数据元素总花费,是由患者账户系统中单独的花费聚集在一起的。单独花费代表所有可记账的医院提供给患者的服务或者供给,是以 CDML(花费说明主要列表)编码的形式被工作人员输入进去的。输入这些编码时有三种不同的方法。在一些情况下,CDML 编码被直接输入到 SMS 患者账户系统(在"SMS 黑匣子"之中)。在其他一些情况下,CDML 编码被输入到 PMOC 患者管理系统中,并且自动地每天上传到"SMS 黑匣子"之中。最后一种情况是,一些部门把 CDML 编码输入到他们自己的事务处理系统(手术室、药房和实验室),他们有自己的把这些编码传送到"SMS 黑匣子"的上传程序。单独的花费被用作事务性的目的并存储起来。每 6 个月这些数据元素就和其他要求的数据元素整合在一起,然后放在给 OSHPD 提交的磁带或者盒子里。

如图 10.4 所示的 IPMAP 显示了当前的数据流和迁移计划,该计划期望新的合并的患者管理/患者账户系统("新的 PMOC")以及 LTS 拥有一个内部的数据仓库和直接产生 OSHPD 要求提交的输出数据而不是通过 SMS 第三方卖家。在原来的 IPMAP 中,实线箭头表明这三个期望的过渡阶段用不同的色彩和不同的线标记。在图 10.4 中,实线箭头表示当前数据流状态,短横线虚线箭头代表直到实行"新的 PMOC"期间的临时计划。圆点虚线箭头代表"新的 PMOC"的最终实行。在"SMS 黑匣子"中展示了一些细节以便说明数据捕获的临时计划。

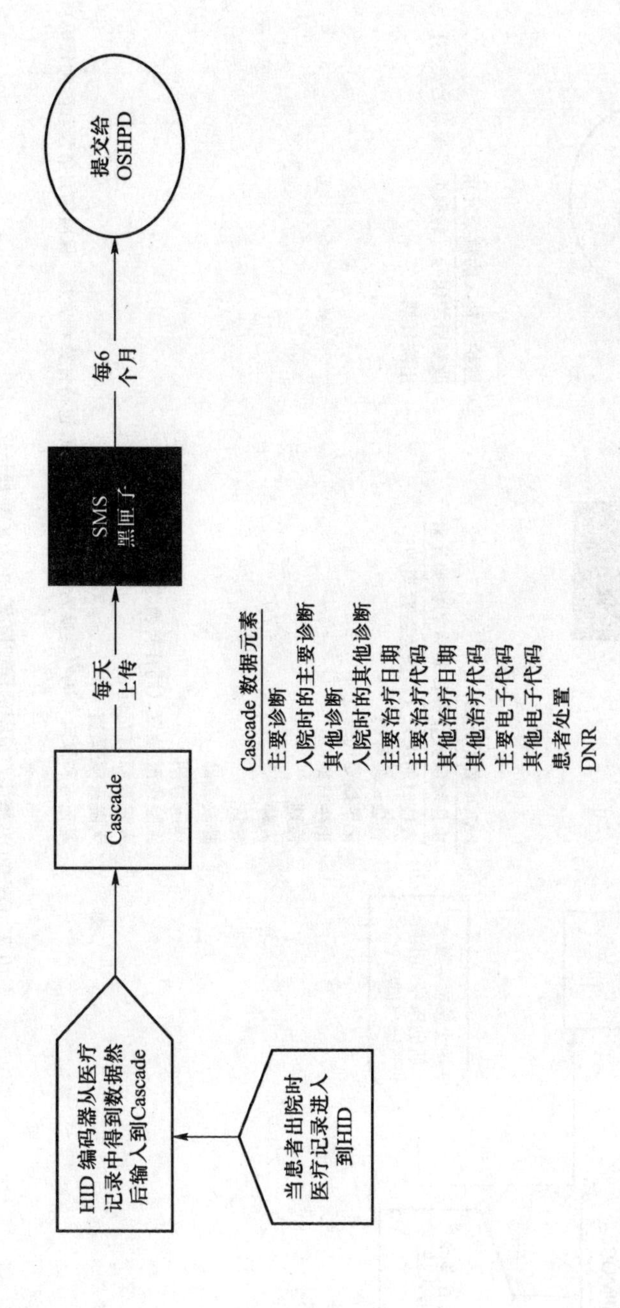

图10.1 OSHPD数据生产流程的详细情况：Cascade数据元素

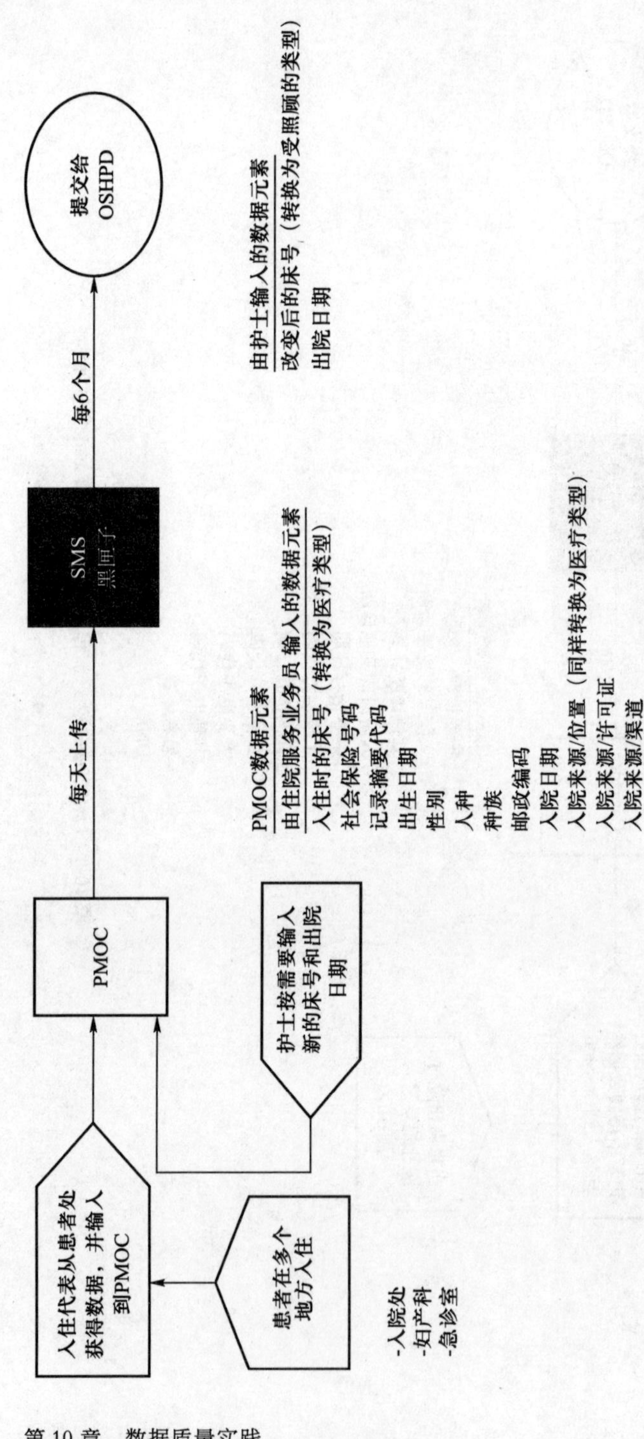

图10.2 OSHPD数据生产流程的详细情况：PMOC数据元素

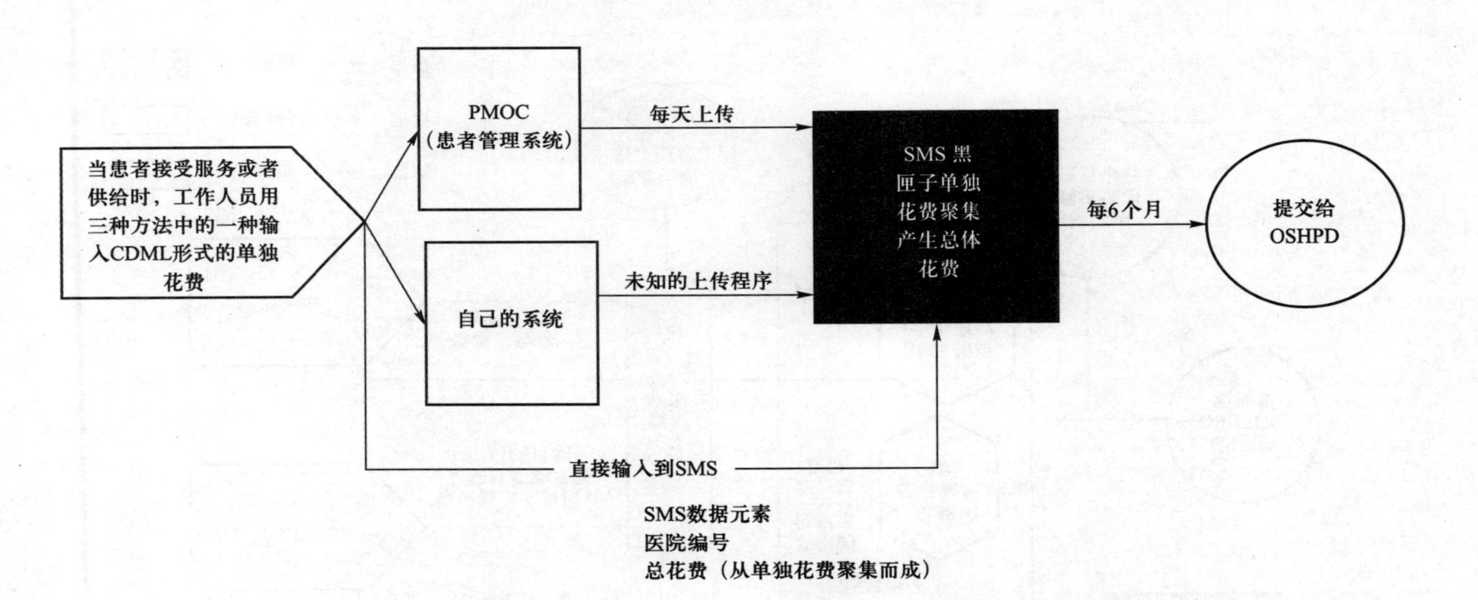

图10.3　OSHPD数据生产流程的详细情况：SMS数据元素

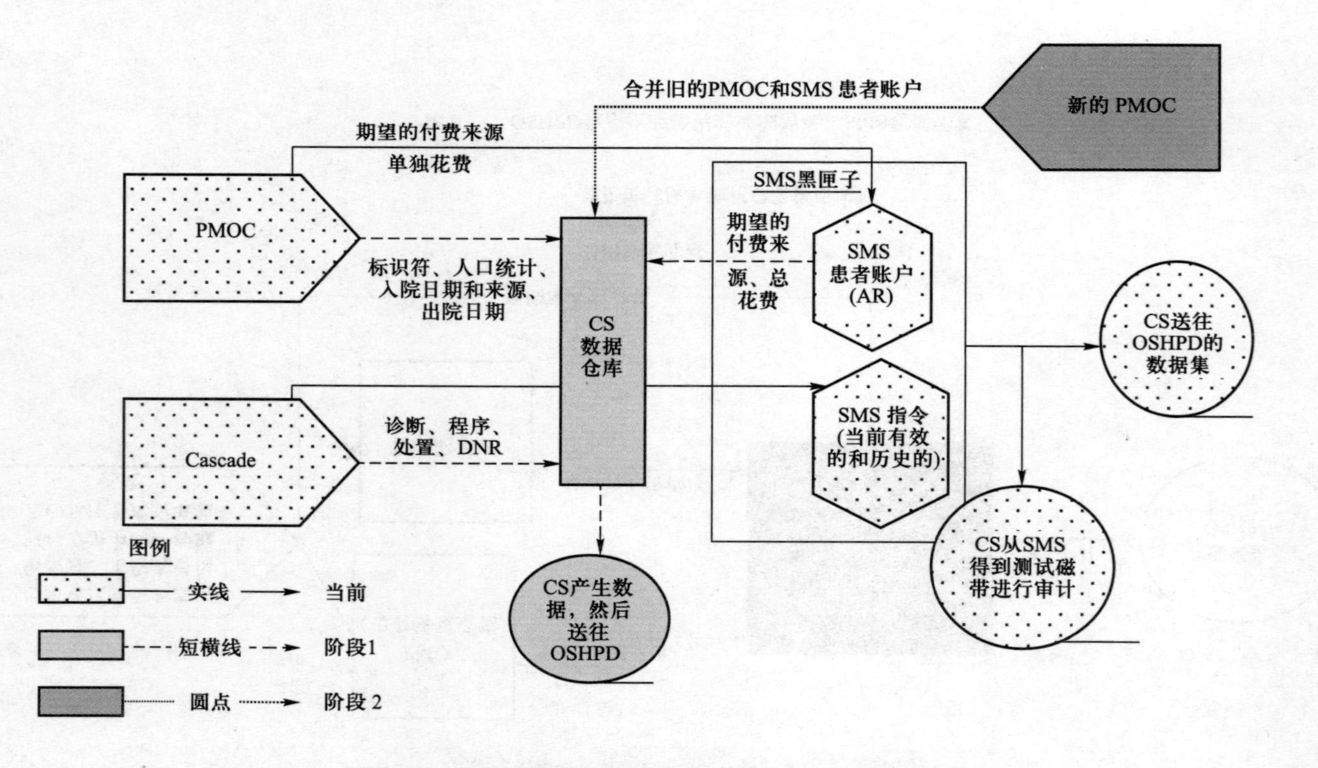

图10.4 OSHPD数据流的概述：OSHPD患者水平的数据元素

在临时计划中，通过修改信息流使得所有来自这三个存在的源系统中所要求的数据元素都能在数据仓库中获得，并且 LTH 可以内部产生所要求的输出数据，并以合适的形式提交给 OSHPD。在最后的实施阶段，“新的 PMOC”是为了取代以前的患者管理和患者账户信息系统，合并后的数据元素由“新的 PMOC”送往数据仓库。Cascade 医疗记录系统则继续向数据仓库中输入数据。

10.4 改进方案：当前的处理过程和未来计划

LTH 研制信息产品地图工作的直接结果是，医院可以对为 OSHPD 提交的数据集的生产过程启动特定的和系统的改进方案，并对未来的改进方案作出计划。首先，LTH 从政府得到审计标准手册和 COBOL 语言的审计项目源代码，用来针对关键的、有问题的数据元素开发 SAS 审计项目。然后在要求提交的日期之前，从供应商处定购一个测试磁带，以便在数据集上交给政府之前进行审查。审计的结果由适当的“拥有者”部门共享，他们可以做一些及时的改正，以便减少由政府鉴定的数据质量问题的数目。尽管这看起来是一个很显而易见的策略，以前却从没有用过。

LTH 同样也可以鉴别出几个构建的要加以修改数据元素，以简化为了从在源系统中所有可用的数据元素中产生一定的 OSHPD 要求的数据元素的转化过程。此外，LTH 可以向负责构建新的合并患者管理/患者账户信息系统的小组提供有用的建议，来确保这个新的系统满足 OSHPD 的所有要求，这些要求包括数据输入标准和常规的审计程序。

最初的改进工程结束后的 6 个月，LTH 继续进行改进周期，以提升自己更有效管理信息产品的能力。所有这些提升都基于信息产品地图，这些地图提供了对涉及的复杂过程的一个通用理解，以及进一步研讨的一个通用语言。尽管新的未曾料到的问题不断出现，LTH 仍然积极地管理每一个 OSHPD 提交过程，医院对自己理解和处理问题的能力已经更有信心。LTH 进行了一个试验性的工程来培养自己在中断了和第三方供应商的联系之后，内部生产所要提交的数据集的能力。最后，随着新的信息系统的参与，进行了概念化重组，包括把医疗记录系统包含进系统，以及重新配置旧的数据仓库使其成为一个更加完整的企业式的数据库。数据质量管理工作组重新定义了信息系统以确保 OSHPD 要求的数据集可以在内部高效、及时地产生，把从多个来源集成数据或者转换数据元素的需要最小化。医院乐观地看到，这种累积的知识和经验可以加以研究、宣传，并且为其他 LTH 数据质量改进方案提供范本。

10.5 本章小结

重新回顾 LTH 案例和从事后看是乐观的预测是很有意义的。虽然实现了一些目标,但是也遇到一些没有预见到的障碍,影响到目标的完成或者说迫使工作人员重新制定目标。这里描述了如何利用改进方案的输出结果,以及这些结果是如何帮助 LTH 在其数据质量的道路上到达各个里程碑的。

正如预期的那样,LTH 在提交 OSHPD 数据之前发现和修复错误方面很成功。同样,在项目完成之后,从第一个正式的提交开始,LTH 提交的数据都被 OSHPD 接受了。此外,每 6 个月的数据成功提交时间都比规定日期提前。在这个方面,这个改进项目帮助 LTH 完成了其功能上的目标,即满足政府对精确性、完整性和及时性的要求。

然而,在向这个团队注入活力以构建新的、合并的患者管理/患者账户信息/医疗记录编码系统这个更广泛的目标这一征程上却遇到很多障碍。这个更广泛目标的重要性不能被低估,因为它本身就可以让 LTH 阻止新错误的产生。

不幸的是,这个新的信息系统仍然没有使用。它的研制过程遇到了比最初预期更多的困难,实施计划也一而再、再而三地被重新制定。这种研制危机导致了对技术规格修改的不确定,同时还伴随着常规的人员流动。为防止错误产生,本应在设计新的信息系统时能促进实际输入数据的合并,结果最终却转而成为不断的警戒要求和延续性的提倡宣传。

这个新信息系统的目标是成为所有 OSHPD 要求的数据元素的独自来源,允许医院对产生需要提交的数据集的每一个方面都有完全的控制。这和以往的环境形成了对比,过去的环境中,许多专有的、靠供应商驱动的应用以及自产系统和界面中潜在的陈旧且记录不佳的文件编辑代码阻止了对大多数上游错误来源的数据进行控制。尽管 LTH 在新的信息系统中,在确保它的输入数据被研究团队完全利用这一方面还不是很成功,但是它在认识这些不足并且做出明确地计划加以避免的能力确实代表了另一种对改进项目输出结构的成功利用。LTH 因此可以阐释许多方法用于帮助新的系统阻止错误的产生,同时支持更有效的业务处理过程。

首先,新的信息系统可以帮助消除无用的返工需要,允许 LTH 明确说明要收集的数据元素和其除了填充以外其他允许值。通过明确 OSHPD 要求的数据元素可接受值(只有这些数值在提交之前不需要转换),现在引入到这些转换中的错误就可以消除了。然而,其他一些相互抵触的因素可能会阻止上述处理

(例如,UB－92 结算值要求相同的数据元素),所以新的信息系统也给予 LTH 直接执行任何有可能需要的转换的能力。

其次,新系统可以包含内置的数据质量管理能力,例如,常规审计可根据上游负责创建数据人员对不一致或不完整数据值的反馈而进行的实时修正等。这将会在源头减少不被接受的数据值的产生,从而阻止下游仓库中具有错误的或者不完整的数据的增多。既然新的信息系统将会合并为一个系统,它同样消除了编程接口的需要,这些接口可使数据在提交或者重新分析之前从不同的源系统转移到一个单独的仓库,因此消除了因疏忽的数据转换导致编程方法出现非预期的影响或者是编程接口中的错误的可能性。这些方法中的每一个都可以明确地帮助阻止产生 LTH 现在发现和修复的错误,从总体上通过消除重复返工为组织带来潜在的深远益处。

最后,从最广泛的可能视角看,改进项目确实提供了一个实例,并且已经被另外几个专注于其他信息管理活动的绩效改进项目所模仿。针对其他几个棘手的信息管理任务而研制的流程图一直以来最为有用。最终,这项工作帮助 LTH 更好地满足了大多数医院在信息管理领域认证的标准,而为此标准医疗保健组织鉴定联合委员会(JCAHO)负责建立了医疗中心。

仔细阅读信息管理领域的标准发现,JCAHO 打算让医院致力于明确的信息管理计划和绩效提升活动,正如这里描述的这些。表 10.3 是具体的信息管理标准,用于计划信息管理活动。

表 10.3　JCAHO 与信息管理计划相关的标准

标准	内容
IM.1	医院计划并设计信息管理过程以满足内部和外部信息需求
IM.2	维护数据和信息的保密性、安全性和完整性
IM.2.1	保护记录和信息免受损失、破坏、干预和非授权的进入和使用
IM.3	在可能情况下使用统一的数据定义和数据捕获方法
IM.4	为了分析和把数据转换成信息需要有必要的专门知识技能和工具
IM.5	数据和信息的转换要及时和准确
IM.5.1	在可能情况下公开数据和信息的格式和方法是标准化的
IM.6	提供足够多的集成与解释能力

尽管 LTH 还没有完全完成其目标,但确实已达到了中期目标,已经可以用它所学到的成果,帮助指引组织在数据质量这条道路上前进。一路上,LTH 遇到很多预想之外的障碍,学到的经验有效地帮助 LTH 去建设性地处理这些障碍,使其可以继续前行下去。LTH 的经验说明,管理战略和技术解决方案对最终的成功有着深远的影响。

对 LTH 来说,吸取学到的经验教训有着明显的益处。但是重要的是,要强调仅仅在某一点为了一个合乎逻辑的推理而大力进行及时宣传是远远不够的。在组织的每一个层次,影响注意力和优先权的因素都是不同的和变化的,所以,处理数据质量的方法必须符合具体的环境。有了 LTH 的技能工具包和多个可以借鉴的例子,医院对最终学会如何在这条路上克服全部的障碍,并且获得由高质量的数据提供的全部益处充满了信心。

第 11 章　数据质量政策

在一个组织中，数据质量政策（data quality policy）必须明确地表述并且传达到位。这样的话，一方面能够使得整个组织成功地保持着一个可行的、稳定的数据质量成果水平；另一方面，组织保持的数据质量成果也能够积极地服务于其他业务活动。所以，明确表述的政策和具体、详细的管理机制是任何成功持续的数据质量成果的基础，反过来数据质量政策又体现出整个组织的数据质量愿景。

在之前的章节中，已经解决了一个在组织中广泛存在且必须面对的问题，即如何实现和保持数据的高质量。提供了一个数据质量途程的观点，并且描述了具体的方法、工具和技术。对于组织而言，这些方法和工具可以用以评估自身的数据质量并寻找改进的突破口。进一步的，作为实证研究，借助于一个真实案例对理论内容提供了必要的补充。尽管如此，如果组织不能颁布明确而清晰的数据质量政策，那么所有之前的这些都将无济于事。

可以高兴地看到，许多组织都已经迈出了改善数据质量的步伐，然而却在维护数据质量成果和保持数据高质量的工作中步履蹒跚。究其原因发现，在通常情况下，保持数据质量的工作是由期望从中受益的个人或者部门推动或执行的，遗憾的是，这样的工作往往缺乏制度保障——组织中的惯性阻碍着工作推进，致使这些工作终究陷入一个缓慢衰减的过程，甚至能够令所有提升数据质量的措施戛然而止。因此，数据质量管理的关键在于设计合适的组织政策，通过政策体系来维护与信息产品相关的所有工作的正常运转。

一个完整的数据质量政策应该有不同的层次，政策的层次性要能够兼顾宏观层面的指导方针、规范的管理原则，以及微观层面的具体的、详细的操作流程。数据质量政策将涉及数据质量实践的多个方面（例如，管理、实施、运行和标准化），以及信息产品本身的质量问题。

本章将提出十项具有普遍适用性的数据质量政策指引（data quality policy guidelines）。这十大政策指引是构成数据质量政策的基础。对于每一项指引，都将进一步分析后续的实施原则。需要注意的是，每个组织都是异质的，任何决策者都应该明白，政策和原则都必须符合组织所处的客观环境，必须充分考虑到组织的背景和文化。

11.1 十大政策指引

具体到一个组织的数据质量政策，首先可以确定的是数据质量政策的总目标：数据质量政策必须能够促使数据质量全面、持续的改善。这其中需要解决的问题会有很多，有一些可能涉及业务领域和业务流程；而另一些则可以归纳为信息技术的完善和升级；为了确保企业能够在生产中使用高质量的数据，组织以外的某些政策可能也要改变，等等。然而，哪些方面是最重要的呢？为了回答这个问题，组织有必要建立相应的措施来评估各项政策的重要性和有效性。

第二个关键问题是由谁负责制定政策。首先要明确的是，数据质量政策应该源自公司的业务，而决非信息技术供应商。虽然信息技术部门关注的数据备份、数据恢复、数据一致性，以及数据的审计机制等问题都有助于改善数据质量，但是在制定组织的数据质量政策时，组织必须具有一个更为广泛且代表业务需求的视角。

在制定数据质量政策时，必须清楚地识别管理数据的不同角色，并且明确规定每个角色的职责和各个角色之间的关系。就数据本身而言，当务之急是识别对组织起关键作用的数据元素；就组织的全部业务功能而言，则是寻找一个能够涵盖其所代表的现实意义和价值观的视角。

下面将列出推荐的数据质量政策的十大政策指引。这十项指引是在观察和总结之前研究和实践中发现的数据质量问题，分析对应的改善措施及其演变历程的过程中总结得来的。

① 组织必须遵循的一项基本原则是：将信息视为产品，而非通过产品传递信息；

② 组织应该把收获和保持数据质量成果的工作纳入业务日程；

③ 组织应该确保其数据质量政策及其具体的程序与组织的企业战略、经营方针和业务流程保持一致；

④ 组织应该将服务于数据质量的角色及其职责作为组织架构的一部分来考虑和设计；

⑤ 组织必须确保数据架构与组织架构是一致的；

⑥ 组织有必要积极主动地调整管理策略以应对数据需求的变化；

⑦ 组织应该设计和实施符合实际情况的数据标准；

⑧ 组织必须有可行的策略和务实的做法来识别和解决数据质量问题，并且

采取有效的手段定期审计数据质量和数据质量环境;

⑨ 组织有必要营造一个利于学习和创新数据质量活动的环境;

⑩ 组织有必要建立一种机制来协调利益相关方之间的分歧和冲突。

1. 将信息视为产品,而非通过产品传递信息

信息与产品的关系原则是数据质量政策指引的核心,也是后续九条政策指引的基础。在整个组织中,对于这一至关重要的原则必须达成共识,并且很有必要通过反复不断的传达,使之真正成为组织的一条理念。如果不能坚持这个核心原则,则其他任何试图改进数据质量的努力都将成为过眼云烟,是难以获得长期的、可衡量的益处的。

2. 把收获和保持数据质量成果的工作纳入业务日程

为了确保数据质量政策的有效性,组织必须把建立和保持数据质量的各项工作纳入业务日程。要做到这一点,组织必须真正地理解数据在其业务战略和运营中扮演的重要角色,特别是与业务职能直接相关的数据(如,用来完成企业运营、商业战术以及战略任务的数据)对于组织竞争力的产生所发挥的根本性作用。由此可见,将数据质量政策规划的职责简单地划归信息技术部门显然是不恰当的。

确保数据质量纳入业务日程的关键还在于高级管理人员的作为。高级管理人员有责任积极、主动地履行领导作用,积极地参与和保障与组织的数据质量相关的各项工作。此处需要指出的是,高级管理人员的领导工作及其领导力是数据质量工作成功与否的关键。

与此同时,在提高数据质量的过程中,组织有可能会发觉一些在业务流程中或者其他方面能够改善的领域,甚至发掘出尚未被察觉的关键业务流程。显然,这些积极的事件都会有助于,甚至是显著地提升公司的地位和竞争力。所以,高级管理人员必须主动、全面地深入到改善数据质量和保持数据质量成果的各项努力中去。

将保持数据质量成果的工作纳入业务日程意味着承认数据的重要性,并且把数据真正视为业务的不可分割的组成部分。在当今数据密集型的经济形态中,具备这样的意识对于组织来说无异于是一份厚礼。具体到实现这种一体化的进程,组织有必要具体地识别、清楚地定义执行这些业务活动所需的数据。还需指出的是,组织必须积极地管理其数据质量,对关键的数据质量可以建立衡量指标或者指标体系。在条件允许的情况下,通过这些指标识别、测量数据质量,并根据反馈结果及时调整不足之处,这些也将有助于完善业务流程。

3. 确保数据质量政策及其流程与企业战略、经营方针和业务流程一致

数据的主要功能是支持组织的业务活动。要实现数据对业务活动的支撑，数据质量政策就必须与组织的业务政策相呼应。这也就意味着，需要从一个更为宽泛的视角来分析数据政策的构成。从这个意义来考虑，设计一种均衡的数据质量政策的前提是以一种综合的、超越部门职能的视角来审视每项政策，在组织进程中构建一种无缝的、制度化的政策体系，而其中必不可少的是高级管理人员的参与。如果缺少他们的积极参与，错位、考虑片面等很多问题都会出现。

反之，如果数据质量政策不适应组织的战略、方针或业务流程，或者在制定政策时局限于细节或狭隘的视角，那么不仅很可能导致数据质量问题，而且会危害到组织本身，因为这种失序会诱发更多本可避免的冲突。例如，有一种观点认为，有一些政策过分的关注数据存储技术的细节问题，或者忽略了政策在不同决策层面应有的差异，都将导致一连串的后续问题。

数据质量政策本质上是组织业务政策的反映，也是对组织的业务政策的支撑。所以，无论如何它都不应该被从经营活动中分离出来，不能、更没有意义独立存在。

4. 将围绕数据质量的角色及其职责划分纳入组织结构的考量

在组织中，服务或关联数据质量的角色应该有具体的定位和责任划分，而不是在危机时期才专设某种特殊职位或者机构。要做到这一点，组织就必须为数据质量工作进行明确的角色和责任划分。基本的功能划分应该包括数据采集者、数据管理者和数据消费者。在组织中，这些角色都应该被清楚地识别出来，并且要令组织成员明白地意识到他们自己以及其他人所扮演的角色。

具体来说，相关于数据质量的角色可以上至高级管理人员，下到一般的数据分析师和信息技术人员、程序员。现实中可能出现的头衔包括首席数据官（chief data officer，CDO）、分管数据质量的高级副总裁（senior VP of information quality）、数据质量经理（data quality manager）、数据质量分析师（data quality analyst）等。

在附录 1 中，列举了一些数据质量岗位，包括岗位职责、工作类型等，这些是从一个大型组织中总结出的。当然，每个组织都应该根据自身的需求和所处的环境制定符合自身特质的角色体系。

5. 确保数据架构与组织架构的一致性

组织制定的数据构架应该符合并且能够支持组织架构。这里的组织架构是指组织内部的业务蓝图。数据架构与组织构架的一致性有助于提升组织内部的信息共享程度，促使信息产品服务于组织的战略。

组织的数据构架包括:数据项如何定义,确定每个数据项的录入规则和录入约束,每个数据项如何与其他数据项关联,以及这些数据项如何在数据构架中体现。所有这些都体现了产品的基本要素,如项目的定义、数据库的编写限制、涉及其他业务实体时的声明等。

确保数据架构与组织架构的一致性还需要做很多具体的工作。其中比较关键的一项是,如何使用一个数据库系统维护一个可行的数据构架。为了配合数据库系统建设,组织应该首先明确元数据,以便明确地定义数据和数据库视窗。这将有助于确保共享的数据始终是有效的。这里,遵循一些公认的数据管理范式始终是一个明智的选择。

在附录2中,给出了一家全球制造公司使用的数据架构政策。

6. 积极主动地调整管理策略以应对数据需求的变换

数据消费者对数据的需求常常随时间而变化。这里的数据消费者是指长期消费者,长期消费者(包括使用组织数据的个人、组织内部的单位和外部的其他组织)对组织而言是相当重要的。如果数据消费者需要的是一个常量数据,即使处在瞬息万变的运作环境中,它也必须是一个常量数据。

组织有两种选择:要么敏捷地应对环境中的各种变化,保持其数据质量成果,要么在面对竞争时丢失市场份额和客户的忠诚。要提供高质量的数据,一方面组织必须高度敏感地体察不断变化的环境和不断变化的需求,对外包括环境和市场,对内包括数据消费者的需求;另一方面,组织必须维护数据元素的高质量,也就是说,政策、流程变化的原因必须在整个组织中清楚、及时地进行传达。指导委员会和论坛可以在此处发挥至关重要的作用。

这里还想提醒读者的是,当一个组织服务于某种全球性质的数据需求时,必须正视地区差异。对于跨国公司而言,不同地区之间,文化、习俗的差异是普遍存在的。组织必须明白这些差异,而政策也应该做出相应的调整。

7. 设计和实施符合实际情况的数据标准

人们都易于认同的标准一般来说都是合适的,但是对于什么应该被标准化、对于如何落实标准化往往存在分歧。比如,对于基本数据元素,不同的人就会有不同的看法。因此,数据标准会涉及数据管理的多个领域,而解决下列问题将有助于读者了解践行一个数据标准的过程:一个组织应该使用来自外部的数据标准还是自行制定标准?如果要使用外部标准,应该怎样选择?一个标准的适用范围如何确定,是仅仅适用于本地环境还是通用于全局环境?相较于本地和全局,又应该在何时以怎样的形式部署何种标准?如何监测一项随时间推移而不断变化的标准?监测的进程和结果又应该如何记录和沟通呢?

首先,组织应当“逐步”确定在自身的条件下是选择内部标准还是外部标准。首选的解决方案是使用一个已经创建并且保持的标准,而不是一个正在建立中的标准。如果可以(或者可能)使用一个现行的标准,那么就需要进一步确定采用其中的哪些条款。这涉及国际、国家或行业间标准的选择。以国家代码为例,国际标准化组织(International Standards Organization,ISO)设计有一套国家代码标准,组织的首选应该是这个国际标准,因为其平等性能够为公司降低成本,同时提供最大程度的灵活性。

反之,如果外部标准不适用,那么组织有必要建立一套自己的标准。一旦标准建立,组织就有责任坚持良好的数据质量实践的方法,使得该标准能够方便、广泛的传达。

在组织中,并不是所有的标准都要被同时实施。例如,某些标准可能适用于某个地理区域内一项单独的业务功能。请注意,实施标准的界限必须是明确的,因为在这样的组织中,一项标准不可能同时对组织的每一个部分都显得务实而有效。因此,在实施标准的过程中,组织中的不同部分应该有选择地被纳入实施计划;在需要的时候,还应该制定不同地理区域或者跨地理区域的实施计划。政策中还应明确说明,当在组织的某些部分部署标准以后,应该如何发现、总结其中的教训,以及如何推广经验。

随着时间的推移,标准会不断地变化,所以有必要制定相应的政策来管理标准。这其中首先需要明确的是,谁来负责监督标准或者发起修改标准的行动。通常,数据消费者可以观察到环境的变化。负责定期审查数据标准的单位应该对环境的变化保持警惕,并在合适的时机启动标准的修改工作。一旦标准改变,将变化传达给整个组织也是至关重要的。

8. 通过可行的策略和务实的做法来识别和解决数据质量问题,并且采用有效的手段定期审查数据质量实践和信息产品

在本书的之前章节中,已经介绍了一些数据质量的诊断方法和改善数据质量的措施,应该大力提倡将务实的措施作为整个组织改善数据质量的标准做法。所谓务实,是指组织中的不同单位在采用这些方法和措施时,应该结合自身的情况做出灵活的调整,使之成为与组织整体相一致,同时又匹配于单位自身特质的方法。例如,第4~6章中介绍的一些诊断方法和审计技术,就可以在不同的单位中灵活使用。它们能够提供不同的数据质量时间序列分析曲线,帮助单位识别自身现有和潜在的问题。

对于一个真实存在的工作系统,可以是一个运输系统、一个社会系统,也可以是一个信息系统。在工作系统中,定期的审查对于数据质量实践来说是必需的，因为这种定期审查能够确保系统在工作秩序的框架下履行目标。缺少定期审查将会导致数据质量计划失效，甚至导致组织失去已经取得的全部进展。

定期审查的内容应该包括组织的整体数据质量和数据质量的环境。具体方法之一是使用标准的指标体系来评估数据质量和数据质量实践成果。多样的调查手段为组织衡量自身的数据质量及其管理提供了一系列有效的评估模式。进一步的，如果一种指标体系对于一个范例组织的评估是有效的，那么组织也可以借助于这个范例评估，以此为基准进一步分析自身相较于基准的效能。

我们研发了一套这样的指标体系——数据质量实践与产品评估工具（data quality practice & product assessment instrument）（附录3）。该指标体系遵循了本章中提到的各项数据质量政策指引。指标体系的第一部分用以评估组织的数据质量实践，包括行政人员的管理、政策的实施和具体的操作；第二部分主要针对信息产品做出评估，包括数据控制和数据的适用性程度。该指标体系已经非常有效地应用于美国的一家大型教学医院。指标体系中列出的一些具体条目也被进一步用于特定的评估任务。

和审查任务相关的一项实践工作是数据认证。存储于交易系统、数据仓库中的数据必须经过数据认证。一个强有力且可靠的数据认证过程能够确保数据操作和信息产品是高质量的。因此，数据认证政策必须落实到位。这项政策的内容包括：

- 明确地识别数据的来源，如数据的定义、有效值，以及任何与数据相关的特殊声明；
- 如果组织是以一种新的方式收集数据，并且已经有使用了这些数据的报告，那么政策应该准确地检查数据与报告结果的一致性。如果存在不一致现象，必须清楚地识别存在的差异和导致差异的原因，这将避免对数据可信度的质疑；
- 当出现数据质量问题时，认证政策应该有对应的预案（处置流程）。

在第一次实施数据认证的过程中，人们往往倾向于用更高质量的数据生成数据视窗。但是如果现有的视窗将要改变，或者组织决定必须改变现有视窗，那么组织也同时应该体察和理解视窗用户可能面对的困难。举例来说，某企业为了更好地控制和分类元数据，改变了销售数据聚合视窗，使用新的数据视窗对于很多用户来说存在挑战，不少用户可能会因为新视窗降低他们对企业的满意程度。所以，不应该低估数据认证过程中可能出现的困难。

9. 营造一个有利于学习和鼓励创新数据质量活动的环境

有助于营造学习文化的举措包括一个高层次的数据质量督导委员会、跨组织的论坛，持续而有效的教育和培训等。当然这些举措都离不开高级管理人员的大力支持。

其他一些方法也可以培养组织中的学习文化,比如把奖励政策落实到位,或者如果必要,制裁和惩戒也是促使高水平的数据质量成果得以保持的手段。在审查和报告数据质量问题时,可能有一些问题会令管理者或者相关责任人感到尴尬,但是决不能因此而气馁。在问题的萌芽阶段就发现并尝试解决,要远远好于等到问题已经溃烂成为一个刺激着内部数据消费者,甚至刺激外部客户脓疮的时候。为了避免这种尴尬遏制住组织成员报告问题,组织应该建立一个正式的机制,让成员在公开的报告数据质量问题时感到自由和安全。此外,建立由一个数据采集者、数据管理者和数据消费者共同参与的数据质量论坛,也会有助于解决暴露的问题。在论坛中,三方能够直接且深入地交流各自的经验,理解他方的角色和观点。

一套良好的沟通机制有助于传播成功的数据质量实践范例、最新的行业标准和理念、新的研究发现和技术突破等,也可以用于传达一些有益的问题解决方案或者研讨面对的困难。所以,组织应当鼓励员工参与各种沟通活动,如参加数据质量会议、研讨会、行业论坛等。所有这些举措只要能够持续,都将助推组织中的学习文化。

不仅如此,还应该看到的是,学习不能局限于行业内。组织应该有突破行业界限的意识,从更广泛的改善数据质量的经验中学习、总结和成长。这是因为,改善数据质量的举措无论在行业内还是其他行业都在成长,新的基准、成功的管理案例都是有益的,也应该被用来比较和衡量其流程和性能。组织还应该积极地探索新的改善举措,成为这些举措的首批采用者。虽然首批采用者将成为他人的基准,但是首批采用者自身的受益会更大。因为一方面,在采用新举措的过程中可能发现尚未遇到的问题,这是一种重要的反馈,能够促进对未曾预见的潜在问题的判断和分析;另一方面,组织也可以与更先进的组织分享数据质量改善的经验。

任何数据质量改善过程都围绕着组织的整体数据质量,所以有必要对数据质量中的主要角色:数据采集者、数据管理者和数据消费者分别设计合适的培训计划。目前大多数的培训都是针对数据管理者的,他们通常来自于传统信息技术部门的工作人员。这是不够的! 每个角色都应该通过培训掌握、理解核心数据的工作原则,以及如何解决数据质量中的潜在问题,尤其是让数据采集者和数据消费者理解他们各自在整个数据质量环境中所发挥的关键作用。组织应该为每个角色提供合适的、具体的培训内容,同时,为了保证培训确实能够收到效果,即使量身打造的培训计划也必须跟随着业务数据需求的变化而发展。需要注意的是，这些培训都必须顾及到组织中所有的利益相关方。

对于数据采集者来说，尤其重要的是了解数据消费者为什么使用数据、如何使用数据。当数据采集者收集数据时，尽管他们也许并不是此类活动的主要受益者，也许不会因为数据录入工作而被评估，但是他们依然有责任坚守数据质量原则。对于数据消费者来说，他们对数据的反馈，比如数据是否是所需的、数据的质量是否令人满意，都是至关重要的，因为反馈对于数据采集者来说意味着需求的变化。而数据管理者则必须认识到，虽然他们并不需要对数据本身负责，但是他们依然需要明白数据的用途，需要知道数据消费者如何使用数据、为什么使用数据。

虽然数据质量政策、良好的数据管理和数据原则、有效的数据质量培训，以及组织内部数据传递的重要性都不宜被"过分"强调，但是这些常常被忽略的数据质量实践内容有时暗含着进程中成功与失败的本质区别。

10. 建立一种机制来协调利益相关者之间的争端和冲突

数据政策层面、数据定义层面和数据使用层面的分歧和争论随时有可能发生，所以，组织必须设计一种机制，或者是一系列相关的机制来弥合这些分歧、化解潜在的冲突。这种冲突解决机制常常是分层次的机制体系，由一系列与组织的不同层次相对应的机制共同组成。其实它们的存在形式并不像他们存在的意义那样重要，它们只需要有明确的章程划定权责。

如前所述，任何一种能够应对冲突的技巧或者机制都是可行的。具体到每一个组织中，则必须与组织的企业战略、组织文化等相匹配，比如设立指导委员会、数据质量委员会、数据质量工作组，或者召开数据质量工作会议。无论以何种方式，这其中都必须明确指定责任范围、授权程度、沟通的方式方法等。需要特别指出的是，如果规范中存在模糊性，那么这些机制很可能因此而失效。

最后也是最重要的一点是，无论何种机制都应该记录分歧和决议。这种基于机制层面的记录能够更好地为组织服务，因为它适应改变中的未来环境。

11.2 本章小结

本章列出了数据质量政策的十大政策指引。组织借鉴这些政策指引可以设计出坚实的数据质量政策。这十项政策指引都是原则性的，组织应该结合其自身的实际情况设计具体的政策。无论如何，这些政策的基本意图是清晰的，即为了达到一个可持续的、可行的、有效的数据质量实践提供观察的角度和具体的指导。这将帮助组织面对未来数据质量方面的各种挑战，并不断地适应变化的环境和需求。组织需要的是提供高质量数据的原则，而本章中的概念、指引、技术则将帮助组织通过制度化的保障来实现数据的高质量。

附录 1　数据质量岗位介绍

岗位示例 1:数据质量管理高级分析师

1. 岗位职责

本职位支持和保障部门的数据质量成果,通过数据质量管理原则的应用和跨职能团队的管理来完成,旨在提高多种数据系统中的数据完整性和可用性。与数据质量管理经理、业务数据的所有者、数据仓库的工作人员和数据用户,共同开发并落实整个机构的数据质量标准和数据质量实践。在履行职责的过程中,数据质量管理高级分析师应该为各种数据内容的创建部门提供分析和变化过程的支持,例如住院、医院运行管理、健康信息管理(包括病案管理)等部门。在数据质量经理的指导下,这个职位还将主导设计和开发数据质量视窗,包括数据和信息质量的主客观措施,以及支持数据质量改善的措施。其中主观的措施将通过信息需求和信息质量调查获得。这个职位将负责维护每年的数据质量基础,分析相关的结果并准备说明图表。此外,这个职位还将负责为指定的数据元素或者信息产品的研发提供数据产品地图或流程图,起草包含在政策和程序手册中的数据质量政策和程序。本职位将与数据质量管理程序员、本部门的所有其他成员,以及整个卫生系统中的其他部门一起协调工作。

2. 教育要求

- 要求有学士学位,修读过量化分析领域的课程,有统计领域背景的候选者优先;
- 来自一些特定领域具有硕士学位的候选者优先,如公共卫生、医院管理、医疗保健信息学以及生物卫生统计学。

3. 经验

- 从事数据分析工作三年以上,具有在急症护理方面的经验;
- 有促进绩效改进项目的工作经验的候选者优先;
- 能够展现自己对数据/信息的质量原则和管理的理解;
- 熟悉如 Crystal、Brio、Business Objects 和 Cognos 公司的业务智能工具;
- 具备较强的解决问题能力和处理疑难问题的毅力;
- 在跨职能的团队中必须具备坚实的口头和书面沟通技巧以便有效地开展工作。

岗位示例2:卫生系统数据质量经理

1. 岗位职责

数据质量管理的目标是确保可用的数据能够有效地应用于分析研究、情况报告、组织运营和制定战略决策。本职位要求理解并能够促进数据和信息作为一种宝贵资源的重要性。卫生系统数据质量经理应该领导数据质量管理部门制定定义、组织、保护和高效利用数据必要的计划和政策。这个职位的任务是管理和协调数据的部署,促进文档管理以及数据的收集、存储、使用。这个职位的主要工作目标是实现数据的一致性和标准化,以提高数据/信息的质量。这些可以通过确定数据元素的名称、定义、取值、格式、元数据、数据库文件的标准获得。这个职位还负责在数据模型的设计、数据检索、数据存储、数据分析和挖掘方面提供深入的咨询,因此需要对组织的数据系统具有深入的理解,也需要深入理解与数据相关的临床疗效等内容。在临床和护理领域的知识和经验能够强化这个职位的工作。与此同时,本职位必须能够与各部门的工作人员相协调并独立的开展工作,建立并保持与所有相关部门和机构之间有效联系,创建并维护良好的工作环境。

2. 教育要求

- 拥有医疗、卫生管理或业务相关领域的硕士或者博士学位;
- 具有解决运行问题、提高性能等方面的能力,具备系统分析和统计分析方面的专业知识。

3. 经验

- 在医疗保健机构、医疗保健行业的咨询机构,或者相关的教育研究机构中具有五年以上的工作经验;
- 具有良好的计算机操作技能,包括操作数据库系统、设计和分析电子表格、数据统计、文字处理、演示,以及使用项目管理软件和理解公司范围的信息系统的能力;具备操作和维护关系数据库系统的技能,并对于医疗保健领域的数据类型、数据含义,以及相关的工作知识有深入的理解;
- 能够展现自己在组织和分析大量数据信息方面的能力,以及优秀的组织技巧和有效的工作划分,同时具有良好的上进心并且能够胜任同时多项任务的管理工作;
- 必须具备坚实的口头和书面沟通技巧以便有效地开展工作,能够以协同工作的方式获得合作,促成改变,并且能够持续的影响各级管理部门、员工,以及医院其他部门主管的决策;
- 必须能够作为团队的一分子与其他人协同工作;
- 具有相应的能力和技巧以促进与职位相关的讨论、学习、培训,内容包括与数据检索、数据分析、数据完整性和信息系统分析相关概念、方法和技术。

4. 身体要求

- 在桌子前履行行政责任所需的正常的实体要求;
- 能够在园区的建筑物之间往返和参加会议。

5. 工作环境

- 长期使用计算机键盘和显示器;
- 长时间坐着的日常办公环境。

岗位示例 3:数据质量管理程序员

1. 岗位职责

本职位作为部门的数据/信息质量管理成果的支撑,通过在跨职能的团队中应用数据质量管理的原则和实践,提高各种数据系统的数据完整性和信息可用性。数据质量管理程序员将与数据质量经理、业务数据的所有者、数据仓库的工作人员以及数据用户共同工作,开发并实现整个组织的数据质量标准和管理体系。在履行这些职责时,数据质量管理程序员需要进行专门的、常规的编程和分析来支持评价数据库和数据储存,并依照各类数据质量来源报告例程,使用数据的生产控制程序和体系。在数据质量管理原则的指导下,这个职位将负责开发和维护数据质量问题/不良数据质量事件数据库。本职位与数据质量管理部门中的其他成员,以及整个医疗系统中其他相关部门的工作人员协调工作。

2. 教育要求

- 具有学士学位,要求修读过计算机编程、数据库管理方面的相关课程;
- 有课程和工作经验的候选者,或者具有统计方面背景的候选者优先。

3. 经验

- 具有三年以上的 SAS 编程经验,包括使用各种模块的技能,如统计分析和生成图表;
- 具有紧急护理、医疗保健行业的编程经验,以及行政、财务和数据流等方面的相关知识;
- 具有关系数据库系统相关的培训经历,如 Oracle、PL/SQL、SQL;
- 具有 Oracle、SQL 或者 Access 数据库的开发和维护经验;
- 能够展现自己对数据的质量原则和实践的理解;
- 熟悉如 Crystal、Brio、Business Objects 和 Cognos 公司的业务智能工具;
- 具备较强解决问题的能力和处理疑难问题的毅力;
- 必须具备坚实的口头和书面沟通技巧以便有效地开展工作。

岗位示例4：医务人员信息监理师

1. 岗位职责

这一职位监督医务人员信息链的完整性，通过程序编程接口或摘录从它的原始应用源头开始，包括从下游数据库、文件、表格或应用程序中派生出的分析或报告，利用任何来自源头的数据元素。

这一职位的主要内部客户是医务人员服务部门的管理和工作人员。此外，其他内部客户是指所有录入数据到源应用程序的其他部门和工作人员，包括但不限于医学研究生教育、继续医学教育和卫生信息（医疗记录完成图表）部门；以及依赖使用这些数据完成他们日常患者护理工作的部门和人员，包括但不限于护理、住院部、手术室服务和卫生信息（医疗记录编码）等。此外，这一职位与所有适当的信息技术部门一起作为主要联络点，以确保从硬件和软件两个方面有效地管理应用程序、数据库和Web服务器。

此时，医疗中心利用MSO应用程序引发医务人员信息链，同时作为医务人员服务部门收集的所有数据的“黄金标准（gold standard）”源，以支持医务人员应用程序和认证过程，随后授予医务人员承认患者和执行不同的临床试验程序的特权。可以预计，医务人员信息监理师将成为该应用的内部专家，学习和监督所有方面的数据录入以及所有查询和报告功能；相对于与其相关的医务人员，在需要的基础上教导这些使用者以确保信息系统能全力支持医疗中心的业务流程。将来，医疗中心应该决定停止使用当前的应用程序并启动其他应用程序的使用以满足这种需要，医务人员信息监理师将继续履行相似的责任使用其他应用程序，并在其他应用程序的转换上发挥关键作用。

在履行这些职责方面，这一职位导致了作为需要的工作小组（包括具体的部门和跨部门的团队），确保在该机构任何地方的医务人员信息的完整性；开发和维护所有应用程序知识、数据库、接口和包括医务人员数据的摘录；监督任何数据质量问题的解决方案以及监督要求防止未来数据质量问题的努力。

2. 教育要求

- 拥有学士学位，要求修读过量化分析领域的课程；
- 具有计算机科学或统计领域背景的候选者优先考虑；
- 在一些领域要求候选者拥有硕士学位。

3. 经验

- 良好的计算机技能，包括分析查询、报告、关系型数据库管理工具（如Access、Brio、Crystal、SQL、Oracle），电子表格分析、统计功能、文字处理、演示开发、项目管理、电子邮件、浏览器和在线报告方面的知识；

• 了解公司范围信息系统的能力；

• 有网络业务和基于Web的信息传播工具的经验；

• HTML和Microsoft FrontPage的工作知识；

• 非常熟悉软件测试、接口测试和结果的验证；

• 在紧急医院护理设置或教育和工作经验等效结合方面五年以上的相关工作经验；

• 已证明的在计算机信息系统方面为医疗保健专业工作提供领导、创新和远见的过去的成就；

• 具有在团队中工作的能力、领导团队的能力和独立工作的能力；有效监督非直接下属的工作以实现项目目标的能力；

• 与技术和非技术人员之间优秀的口头、书面沟通和表达技能，以及所需的定量分析技能；

• 组织和管理快节奏、动态和复杂环境下多项项目和任务的能力，以及适应非结构化状况和不断变化优先事项的灵活性。

附录2 来自全球制造公司的数据架构政策示例

1. 数据必须被视为公司业务的一个不可分割的组成部分

• 业务标识和执行其活动所需的信息；

• 业务包含在数据质量流程的积极管理中；

• 数据管理被视为一个专职人员的重点工作；

• 数据的所有权是被明确规定的（责任、义务和授权）；

• 数据质量的关注范围从个别领域到使用和依赖数据的下游企业系统；

• 数据的消费者被认为是客户。

2. 为数据质量建立关键的性能指标

• 测量并提供针对关键性能指标的激励机制；

• 调整其他过程。

3. 流式数据质量检查在数据及其相关进程中进行

• 数据输入过程必须进行检查，并均衡进行日常工作流量中的审查以确保遵循完善的数据管理惯例；

• 验证过程检查以保证准确性、完整性和独特性；

• 为关键数据执行第二层审查；

• 极为关键的数据变化需要停止系统活动；

• 建立和审查数据变化的审查跟踪。

4. 对数据及其相关进程执行全面数据质量检查

• 实施周期性系统引文和企业级审查；

• 积极地质疑数据，寻找潜在的缺陷和异常；

• 交叉检查不准确的数据、不完整的数据和过时的数据；

• 交叉检查异构重复数据（表示相同项目的记录，但输入到系统中的路径不同会导致在旁路系统中重复编辑）；

• 确保相关数据保持同步。

5. 实施根本原因分析以发现缺陷

• 审查缺陷，寻找问题的类型；

• 跟踪回到起点的数据问题；

• 寻找相关的可能尚未发现的数据错误；

• 记录预防措施的分析建议。

6. 为不完美的数据缺陷定期进行风险分析

• 分析现有数据，评估不良数据及其发生可能性的潜在影响；

• 分析数据或过程的潜在变化，并确定任何可能发生、新的或改变的风险；

• 记录分析和建议的过程变化，以降低风险。

附录3　数据质量实践与产品评估工具①

副本 #参与者姓名

说明：在备注栏中，可以按照需要填写，单元格会自动扩大		
评估计分量表：1 表示非常不好，7 表示非常好		
数据质量标准	分值（1～7）	备注
第一部分：数据质量实践		
1. 管理		
A. 组织领导层的参与		
（1）组织最高领导层理解数据质量在组织和组织的战略目标中扮演的关键角色		

续表

数据质量标准	分值(1~7)	备注
(2) 在组织最高领导层中树立并培养数据质量是业务流程一部分的观念		
(3) 主要的数据质量举措受到组织最高领导层的支持,并且是由他们推动的		
B. 适当的政策和管理程序		
(1) 建立恰当的企业政策,为管理组织数据明确其作用和责任		
(2) 建立恰当的企业机制和结构,为组织数据分配责任和义务		
(3) 基于业务战略开发、传达企业数据需求		
(4) 在企业层面颁布数据质量职能,培养数据质量实践的意识和理解力		
(5) 建立恰当的正式审查小组和程序,裁决不同的利益相关者在数据需求上的争议和不同意见		
(6) 建立恰当的正式程序,仲裁利益相关者在数据标准和定义上的不同观点		
(7) 关于数据质量工作,制定明确的奖惩政策并遵照执行		
(8) 保存关于违规和执行活动的正式记录,并颁布从这些行为中获取的经验和教训		
C. 组织采取积极的措施管理可变的数据/信息需求		
(1) 有恰当的政策和程序监督组织各个层面的业务需求变化		
(2) 有恰当的跨职能的正式审查小组和书面规程用以管理配置控制,即修改数据模型、数据标准和数据元素以响应不断变化的业务需求和组织目标		
D. 组织内部形成一个关于数据/信息质量的学习环境		
(1) 开发并支持论坛来讨论组织数据质量,是一个正在进行的实践		

续表

数据质量标准	分值(1~7)	备注
(2) 有恰当的关于数据质量实践培训的明确政策		
(3) 有明确的个人或组织负责支持终端用户关于数据使用的问题		
2. 执行和操作		
A. 数据架构与业务流程是契合的		
(1) 公布的书面数据架构贯穿整个组织		
(2) 公布数据架构,帮助使用数据的人员更容易接近和理解数据		
(3) 数据架构捕捉了适合的企业实体和属性		
(4) 有恰当的正式流程和政策更新数据架构并发布这些更新		
(5) 有恰当的个人/组织对组织架构负责		
(6) 创立正式的审查流程以定期、主动地审查数据架构		
(7) 有恰当的正式流程批准、传播和执行数据架构的变化		
(8) 有恰当的正式机制用以监督和实施数据架构		
B. 元数据经过适当的验证		
(1) 实施书面规程验证元数据		
(2) 元数据文件是必需的和可用的		
(3) 执行随机的元数据审查		
(4) 保存关于违规和执行活动的正式记录,并颁布从这些行为中获取的经验和教训		
(5) 从经验证的源系统传出的数据被证实是高质量的		
C. 系统地执行审计以监督数据质量的所有阶段		
(1) 一个小组负责审计,并宣传审计存在和审计起到的积极作用		

续表

数据质量标准	分值(1~7)	备注
(2) 对元数据执行随机审计并记录缺陷,向有影响的利益相关者传播信息		
(3) 对存储数据执行随机审计并记录缺陷,向有影响的利益相关者传播信息		
(4) 对传输给终端用户的数据(消费数据)执行随机审计并记录缺陷,向有影响的利益相关者传播信息		
D. 为修改数据标准和数据工作,有效地配置控制政策、规程和流程		
(1) 在改变和更新方面,执行书面的规程和相关的文件		
(2) 数据标准和格式的改变需经审批,并传达到各个利益相关者		
(3) 有恰当的正式规程控制数据标准和定义的改变		
(4) 有恰当的正式规程管理数据更新		
E. 共享数据的控制和管理		
(1) 有恰当的成文政策和规程规定什么样的数据被分享,以及分享的数据怎样提供给一个新的数据使用者		
(2) 一系列的共享数据及数据使用者,在整个组织中进行维护和颁布		
(3) 在更新之前,有恰当的正式规程通知使用者(共享的数据)数据将更新		
(4) 共享数据的变化在整个组织中及时沟通		
F. 数据工具包是最新的、适当的并被积极地管理		
(1) 有恰当的正式评估过程决定满足需求的数据质量工具		
(2) 有恰当的正式流程和测试集评估数据质量工具的有效性		
(3) 在适当的情况下,采用适当的清洗、分析和审计工具		
(4) 在适当的情况下,采用适当的数据抽取、转换和装载(ETL)工具		

续表

数据质量标准	分值(1~7)	备注
(5) 创建追踪从数据源头到数据消费者这一数据流动的信息产品地图		
G. 数据知识和数据技能是组织知识的主要组成部分		
(1) 组织各个层级的相关人员充分了解数据质量的原则和方法		
(2) 组织鼓励参加数据质量课程学习、研讨会		
(3) 个人可以接触到领先的数据质量项目和数据质量行业惯例		
(4) 组织遵循适当的措施以记录和共享数据质量方面的组织知识		
(5) 开发、维护和使用信息产品地图		
第二部分:数据产品		
A. 元数据完成和维护的程度		
(1) 存在数据库层的企业范围的有意义的元数据标准		
(2) 存在数据元素层的企业范围的有意义的元数据标准		
(3) 存在数据值层的企业范围的有意义的元数据标准		
(4) 三个数据层面的元数据是最新的		
(5) 实施成文的元数据更新和维护规程		
B. 元数据的控制程度		
(1) 与元数据相关的业务规则成文和执行的程度		
(2) 在传播前,元数据被用来认证鉴定数据的程度		
(3) 元数据体现数据消费者需求的程度		
(4) 准备好的元数据与数据存储设备容量和技术相一致的程度		
C. 存储数据符合数据完整性约束的程度		
(1) 有恰当的正式流程审核数据完整性定义,并强制约束		

续表

数据质量标准	分值(1~7)	备注
(2) 坚持域完整性规则		
(3) 坚持列完整性规则		
(4) 坚持实体完整性规则		
(5) 坚持参照完整性规则		
(6) 坚持用户定义完整性规则		
D. 数据可用的程度,即适于数据消费者使用		
(1) 数据很容易和快速地被检索访问		
(2) 数据量适于当前的任务		
(3) 数据被认为是可靠和可信的		
(4) 数据不会丢失并且对于当前的任务有足够的广度和深度		
(5) 数据被简明地呈现		
(6) 数据以一个一致的格式存在		
(7) 数据很容易被操作和应用到不同的任务中		
(8) 数据是正确和无误差的		
(9) 数据以一种合适的语言、符号和单位存在,并且有诠释清楚的定义		
(10) 数据是无偏见和客观的		
(11) 数据是与当前任务相关、合适的数据		
(12) 在数据来源或内容方面,数据是备受推崇、有信誉的		
(13) 适当地限制数据访问,以保证它的安全		
(14) 数据对当前的任务是充分新的		
(15) 数据是很容易理解的		
(16) 数据是有益的,并且会增加使用它们的任务的价值		

第12章 旅途结束了吗

组织所处的环境始终处于变革之中，新的机遇不断涌现，新的挑战也层出不穷。面对这些挑战，组织对数据的新需求日益迫切，与之相关的新技术、新方法也不断提出并被付诸实践。在这样的大背景下，数据质量工作体系不仅有必要与组织的外部环境相适应，同时应该机警地察觉外部环境的变化，并且保持活力以应对这些变化带来的挑战。尽管组织已经在很多方面取得了令人骄傲的成绩，显然旅途并没有完结。

介绍人们在数据质量旅途中的创意和实践，尝试解决未来组织可能面对的数据质量问题，是编写和完善本书的初衷。很多创造性的见解都是基于书中探讨的思维方式和数据质量技术。

12.1 要点回顾

信息，应该被视为产品，而不是附属品，这是本书一直遵循的观点，也是在数据质量方面有所创新的前提。在案例中，通过在组织内树立数据质量的意识，逐步形成对数据质量的制度化保障。在之前的案例中，已经就践行类似的方法，建立了基于数据质量的工作体系。相比而言，如何清晰地阐述数据质量价值主体的重要性则不应该被过分的强调。

本书探讨了许多构建和完善数据质量工作体系的方法、工具和技术，也介绍了定性和定量的评价、诊断组织的数据质量的方法。从中可以得出：主观的评价应该从数据采集者、数据管理者和数据消费者等利益相关方获取。

考虑到时间和成本因素，通常难以通过普查数据库中的每个数据项测量数据质量，而是通过一些抽样和统计的技术来审计数据库中的数据质量。

本书提出了数据质量的十大根源性因素，无论是从积极的角度还是消极的角度来看，这些问题的关键地位已经得到证明。本书还介绍了基本的分析技术，作为解决这些问题的策略——包括短期的介入策略和长效的介入策略。这些都是很好的实践方法。

本书介绍了与信息产品相关的概念。进一步，提出了信息产品地图的概念，并展示了其多个应用。

最后,给出了组织的数据质量政策的十项指引。对于一个组织来说,缺乏明晰、深切而具有凝聚力的数据质量政策,却想要保持健康稳定的数据质量构建是非常艰难甚至不切实际的。

进一步的,本书列出了现实中组织可能遇到的各种情况。这些都可以从案例中得到验证。更为重要的是,它们能够为那些正在开启或者即将开启数据质量旅途的组织提供有益的参考和指南。本书中列举的一些技术已经应用于数据库管理系统中,此时则只是简单引述了数据质量的概念。伴随着信息产品地图、数据质量调查、完整性分析器、数据质量实践与产品评估工具,陆续出现了其他概念和技术,以及对数据质量问题更加明确的表述,基于此本书由浅入深地阐述了这门学科的最新主张。

然而,这个领域将走向何方?新的挑战是什么?即将出现的新技术又是什么?如何继续数据质量的旅途呢?接下来将深入地探讨这些问题。

12.2 面临的挑战和威胁

人们常说:世界上唯一不变的就是变化。这意味着对于数据质量的旅途来说,从积极的角度看,尽管组织所处的环境在变化、遇到的新问题在涌现,然而对应的研究也在继续,新的知识被发现、新的技术得以开发和应用;从消极的角度看,每当先前的问题成功解决,持续的变化则令历史重演,也许组织会重复先前的错误,成功改善的数据质量又退回到原来的状态。必须清醒地认识到,所谓数据质量问题一旦解决就万事大吉的观点,是错误而且危险的。

组织面临的数据质量挑战是什么呢?看起来这是个老生常谈的问题。说到老生常谈,常常把这个问题定义为与评估数据质量的主要指标相关的问题,从而反复提出,而这些问题也总是易于得到重视和关注。此外,类似的还有确保数据的准确无误,以及难以兼顾数据的实时性和有效性。但是,随着组织的变革、问题的复杂化、数据容量的不断膨胀,以及数据越来越广泛的运用,这些问题将在新的环境中以新的方式重新出现。

如今,一个显著的挑战来自于数据集成。正确的数据来自多样的数据源和反馈途径,然而在它们的集成中却出现了可怕的质量问题。具体来说,挑战存在于两个方面,即如何正确地集成数据,以及如何维护同一数据的不同用户的利益要求。在现实环境中,这对数据安全,特别是保密技术和敏感度区分等带来了挑战。

客户关系管理(customer relationship management,CRM)、供应链管理(supply chain management,SCM)、业务风险管理(business risk management,BRM)、商业智能(business intelligence,BI),以及其他的管理实践使得组织在理解和管理数据和关系等方面取得了巨大的进步。但是,当今环境的变化是如此快速和复杂,要求组织更加深入地理解数据。在这种情势下,公司家族化的危机正在浮现(Madnick、Wang 和 Xian,2004;Madnick 等人,2005)。此处,对组织及其关系的认识被称为公司家族知识,获取和管理公司家族知识的过程被称为公司家族化。

数据质量活动还受到数据挖掘技术的影响。数据挖掘技术,特别是数据探测技术,对于改善数据质量和解决数据质量问题都能够起到很好的作用。从实际应用来看,已有大量的研究表明,低质量的数据对数据挖掘模型存在负面影响。研究者已经投入了大量的努力在数据挖掘预处理方面,例如数据清洗和数据准备(Han 和 Kamber,2001)。

数据质量分析面临的另一项重要挑战是如何更好地评估数据质量,从而使数据能够获得很好的应用。本书的一个基本观点是,所谓优质数据,必须是能够很好应用的。考虑到数据的具体特点,其应用千差万别,这方面的知识和技术还有待于进一步的研究。

最后,数据质量实践还必须面对和解决的一个主要问题是如何保证安全性。安全问题的表现多种多样:本书重点关注数据的敏感度,确保接触数据的人必须是有数据需求的人,而不是每个人。任何组织都应该对数据采取保密措施。这项责任既源自对客户的义务,又是法律和政府法规的要求。

由于有线和无线网络技术的不断发展和广泛应用,所有这些挑战都被激化了。

以上列举的只是数据质量活动所面临的挑战中的一部分,可以把它们作为观察现实的研究方法和技术的参考。当然,希望本章中的概念和问题能够激发学生和数据质量实践者去应用新的方法和技术,开发属于自己的独特技术。

12.3 对数据质量特征的规范定义

定义数据质量特征将有助于对数据的适用性做出判断。尽管关系数据模型包含数据整合和数据标准化,但是难以判断储存于关系数据库中的数据是否是实时、准确和可靠的。分层数据模型和网络数据模型还处于开发阶段。所以,关注新的方法的研发,使之适应数据质量的新特征是非常必要的。目前的一些初步的研究成果包括基于属性的数据质量(attribute - based data quality,DBMS)

(Wang、Reddy 和 Kon,1995)和质量实体关系(quality entity relationships,QER)模型(Storey 和 Wang,1998)。

1. 基于属性的数据质量

基于属性的数据质量模型本质上简化了数据单元和标注。通过对质量整合规则和质量指示代数的重新定义进一步完善了关联关系。这些规则和指示代数可以帮助解决伴随质量指示的需求而不断增加的 SQL 问题。用户可以利用这些质量指示对数据给出更好的解释,从而增加数据的可信度。

零缺陷的数据不易获得。事实上,盲目追求零缺陷的数据也没有必要。在基于数据认识和评估数据质量的时候,数据的缺陷也能够提供很多的帮助。例如,在做出购买股票的决策之前,了解"是谁开发了这些数据"、"数据是何时、怎样被收集的"、"数据的缺陷是什么"等问题非常重要。

最基础的一种方法是基于科德的元组 ID 思想。元组 ID 是一种特殊的元组标识符。由关联元组的属性构成的质量属性指示模型包括质量属性和质量因子两个要素。元组中的每一个单元称为一个质量单元,一个质量单元包括属性价值和质量因子价值。质量单元中的质量因子价值又称为质量指示价值,它与属性价值相联系。一组质量指示价值的组合构成一个质量指示元组;一系列实时的质量指示元组则构成质量指示关系;最终,定义质量指示关系的质量模型就是质量指示模型。在这个模型中,延展的组合称为质量组合,延展的元组称为质量元组,生成的关系叫做质量关系。

质量指示理论有助于加深对于质量指示属性和质量指示的理解。DBMS 模型的数学推导和理论分析已经超出了本书的范围,有兴趣的读者可以参考 Wang、Reddy 和 Kon(1995)、Wang、Ziad 和 Leed(2001)的著作。

2. 质量实体关系模型

当按照 DBMS 模型标记单元时,应该对相关的数据质量特征做出详细的说明。这项工作可以在数据库的设计阶段完成——识别、列举和吸收。Storey 和 Wang(1998)提出了一个质量实体关系模型,这个模型基于 Chen(1976)提出的一个实体关系模型并予以深化(实体关系模型已经在数据库设计中得到广泛应用)。

传统的实体关系模型要分别获知实体、关系、属性和诸如"is - a"、"component - of"的逻辑概念。然而,传统模型中有关数据质量的信息并没有被清晰地获知。相反,融合数据质量的信息的工作被交给作为个体的数据库设计者。对于设计规范的数据库,人们已经认识到需要考虑通过数据代数或者数学模型定义和处理数据描述。

针对上述应用需求，Storey 和 Wang 提出了一种基本实体关系模型的衍生模型——QER 模型。作者通过一套详细的质量实体关系数据库设计案例来阐明逻辑设计和对应的关系数据库开发，见表 12.1。案例中的设计和开发基于一个课程数据库。然而需要指出的是，从规范、封闭、完善的角度来看，这项工作远没有完成，需要进一步研究和开发新的方法和技术，而已有的概念和思维方式也将在实践中得到进一步的验证。

表 12.1　课程数据库的概念设计

步骤	内容
第一步：确定用户的需求	➢ 课程数据库将被运用于什么课程？课程的指定数据和成本是多少？应该为这门课程开设多少班次？每个班次的授课教师是谁？如何衡量一门课程的出勤率？准确地描述衡量方法，等等 ➢（数据质量需求） ➢课程和课程等级的评定标准 ➢（应用质量需求）
第二步：确定应用变量	➢ 课程（名称、花费、时间、基本描述） ➢ 班级（名字、考勤率、实际成本） ➢ 教师（名字、手机号码）
第三步：确定应用质量实体	➢ 标准（名称、描述） ➢ 标准评定等级（名称、价值、解释）
第四步：确定数据质量实体	➢ 规格（名称、等级） ➢ 衡量（描述、等级）
第五步：将应用实体与应用质量实体联系起来	➢ 课程标准（课程名称、标准名字）
第六步：将应用实体与数据质量实体联系起来	➢ 班级考勤率 - 规格（班级名称、规格名称）
第七步：列举应用关系	➢ 课程设置多少班次 ➢ 有多少授课教师

续表

步骤	内容
第八步:列举应用质量关系	➢ 课程标准 ➢ 课程的等级评定
第九步:列举数据质量关系	➢ 考勤率的数据质量评价 ➢ 考勤率、数据质量标准的具体衡量方法

12.4 公司家族化

本节中大部分内容引自公司家族化研究的相关文献(Madnick、Wang 和 Xian,2004;Madnick 等人,2005)。

环境(context),在认识和理解实体方面扮演了重要的角色。一个组织对于同一个客户(例如一家公司)由于环境的差异很可能存在不同角度的认知。组织中的不同单元对于同一个客户(供应者、合作者和竞争者)也有不同的关系、不同的观点,以及不同的关注点。这些观点和关注点可以包括金融信用风险、营销环境中的产品和市场,以及法律责任。

不同的观点表现出的是组织对客户不同角度的认知。对于保持联系的两家公司来说,它们之间的联系点可能成百上千。为了更好地服务于自身的业务目标,每个组织都应该以一种积极和明朗的方式去理解和组织公司家族化的信息。

关于组织及其内外部关系的知识叫做公司家族知识。所谓公司家族化涵盖了获取、分析、理解、定义、管理,以及有效使用公司家族知识的全过程。

公司家族化提供了一套识别、理解、组织和使用特定类型的数据和知识的方法,使组织可以战略性地运用这些知识服务于关键业务议题。这些知识包括:

① 公司关系,隐藏的关系及其结构。

- 公司结构,如小组、部门、子公司、分公司;
- 组织结构图;
- 公司与客户、合作者、供应者、竞争者之间的关系;
- 第三方中间商,如经纪人、经销商、分销商、转销商、代理商及其关系;
- 治理和控制机构的关系。

② 上述关系的具体运行情况,包括运行方式、地点、时间以及原因等。

③ 公司与其相关组织的业务联系,组织与其相关实体的业务联系。这些透

明的关系可以使公司洞察到潜在的、间接的关系。

公司家族化必须解决的三个主要问题:

① 两者何时统一?(实体确认)

② 主要的内容是什么?(实体聚焦)

③ 是否知道供应者的供应者?以及知道这个的必要性?(透明度)

1. 实体确认

首先,问题总是来自于特殊实体的模棱两可的定义。例如,对于 IBM 公司(同一个实体)来说,它有不同的名字:IBM、International Business Machines 和 Computer - Tabulating - Recording Co.。一个实体可以有多种不同的实体表现形式,这导致正确和有效地确认实体变得非常困难,称这种挑战为实体确认。

2. 实体聚焦

当知道 IBM、International Business Machines 和 Computer - Tabulating - Recording Co 其实表示同一个实体(IBM 公司)之后,需要明确这个实体到底是什么。考虑到不同的环境,像 Lotus Development Corporation 这样的特殊实体也应该被归纳为 IBM 公司的实体定义①。

另外一个例子是,麻省理工学院林肯实验室(MIT Lincoln Laboratory)也称为麻省理工学院联邦研究与开发中心。从地理上来说,MIT Lincoln Laboratory 与麻省理工学院的校本部(MIT)是两个完全不同的概念。当被问及,诸如“MIT 去年的预算是多少”、“今年向 MIT 的销售量有多大”等业务问题时,林肯实验室的员工、预算和销售量是否应该包括在 MIT 中呢?在什么情况下不应该包括在 MIT 中呢?

对于这些问题,不同的环境会带来不同的答案。在一些情况下,林肯实验室是包括在麻省理工学院中的,而在另一些情况下却不是。所以,把类似这样的挑战称为实体聚焦。

3. 透明度

实体之间的关系有很多不同的表现形式。例如,麻省理工学院可以直接从 IBM 公司采购计算机,也可以通过当地的计算机分销商(Compu USA)进行采购。在本例中,麻省理工学院从 Compu USA 采购计算机,但是 Compu USA 的供货商是 IBM 公司。这是直销和分销销售的一个经典案例。

那么,对于“麻省理工学院去年从 IBM 公司购买了多少台计算机”的问题,

---

① 译者注:Lotus Development Corporation 是一家美国软件公司,于 1995 年被 IBM 收购,成为 IBM 旗下的一家公司。收购后改名为 Lotus Software,中文翻译为莲花软件公司。

答案是什么呢？只计算直接购买量吗？抑或是纳入间接购买量？这个特例发生在 IBM 公司将其个人计算机业务出售给联想公司之前。

组织到底是对他们与分销商的关系感兴趣呢，还是对经由分销商与最终客户的关系兴趣？这依赖于环境——不同的情况有不同的答案。明确什么情况下这些联系是重要的，怎样获取和整合这些知识，是面临的又一个挑战，称之为透明度。

当今对公司的家族化的研究有助于解决以上问题。

12.5 数据挖掘

在数据挖掘领域，数据质量扮演着一个重要而且直接的角色。数据挖掘技术可以被用来寻找低质量数据。当数据挖掘成为组织的商业智能领域的工作的一部分时，也会遇到数据质量问题。

标准数据开发技术可以用来发现数据库存在的缺陷。实际上，本书中已经提出了这个概念，尽管并没有称其为数据挖掘。前面章节中介绍了一些技术，例如完整性分析器(CRG,1997b)，都被归纳为是针对低质量数据的早期数据开发技术。具体的例子包括测试纵列缺失值的发生频率和识别妨碍关联整合的因素。

被普遍运用于市场营销、市场分析、关联规则挖掘等领域的数据挖掘技术能够对分析和识别低质量数据提供帮助。虽然仅凭想象不能达到目标，但是使用算法生成关联规则可以明晰数据的关系，进而帮助确定可疑的，甚至是错误的数据。

从模型设计者的角度来看，数据质量决定着数据挖掘的模型并且影响着数据挖掘的结果。实际上，在净化和备份数据等方面已经做出了许多努力和研究。通常来说，数据分析人员常见的三类劣质数据包括缺失数据、含噪数据和矛盾数据。许多数据挖掘书籍中对清洗劣质数据的方法有详细的介绍(例如 Berry 和 Linoff,2004)。

广义上讲，数据挖掘的最终目的是发现对应于特定数据库的可能导致问题的数据，以及发现数据库中潜在的信息。简而言之，数据挖掘技术是为了生成可以使用的数据。一个关键的问题是，如何设定合适的数据挖掘问题，提升数据的适用性；否则，数据可能有效却不适用，或者由于最初的问题设计不当，即使数据挖掘的结果符合数据的主要质量特征，却也不适合于使用。

一旦问题设定，其他关键性的问题也就随之确定了。显然，最初的数据可能是低质量的。如果不经过数据清洗,数据可能难以使用甚至不能保存。此时,数据清洗的过程就是数据挖掘。然而,如果数据运用不当,或者数据被过度修改以适应数据挖掘技术的需要,也会带来新的问题。此外,数据挖掘技术的选择也非常关键,不恰当的数据挖掘方法也会导致低质量数据的出现。

一旦数据得到净化,许多解决不同问题的技术和算法将被运用到数据挖掘中。这些技术包括神经网络模型、监督学习模型和非监督学习模型、回归分析、决策树模型(如 Quinlan 的 C5.0 算法)、关联规则分析及运用(如先验分析、各种聚类方法等)。Berry 和 Linoff(2004),Han 和 Kamber(2001),Hand、Mannila 和 Smyth(2001)对这些方法做了详细的介绍。

这里对数据质量和数据挖掘的关系给出了一个非正式的定义。对高质量数据的一致看法是,数据必须是可以使用的,并且能够带来价值。依据这个观点,得益于数据挖掘技术,被挖掘的数据以及通过数据挖掘获得的额外信息都属于高质量数据,因为它们的质量由于数据挖掘过程而得以提升。从另一个角度来理解这个概念,如果通过数据挖掘生成了有用的商业情报、发现了未知的信息,那么数据质量也就提高了。

在计划之前挖掘低质量数据可以使数据整体得到更为广泛的运用,称其为潜力。随着对数据了解的深入,新运用的出现,数据挖掘也可以实现这个目标并且进一步发现潜能。一些已有的研究将数据清洗的成本与不同的数据挖掘技术联系起来(Pipino 和 Kopcso,2004)。无论如何,数据质量与数据挖掘过程、数据挖掘技术是紧密联系的,今后还将对数据质量分析与数据挖掘进行更详细的研究。

12.6 数据集成

组织面临的另一个突出挑战是数据集成,当组织试图集成多个数据源的正确数据时,可怕的数据质量问题发生了。这种挑战来自两个方面:如何正确的集成数据,以及如何为不同的客户提供相同数据参考服务。本书已经介绍了一些技术性的数据集成项目,还将进一步介绍和讨论合适的解决方法,例如标准化的渐进方法。

语境交流(Madnick,1999)是一种非侵入性的数据集成方法。它可以保持数据在收集、储存和使用中的完整性。语境交流的本质是数据翻译的延伸。例如,人们使用公历和货币单位,以及其他的文化传统。在这些例子中,语义和规则很容易被诠释。当数据在多个系统、组织甚至国家之间交流时,理解原始数据成为更加困难和艰巨的任务——要避免当数据在原始系统之间交换时，数据的主要内容丢失的可能。

12.7 安全性

此外，数据质量实践要解决的主要问题还包括安全性。组织必须关注数据的安全水平，确保数据安全政策和数据安全培训落实到位，这涉及技术层面和非技术层面。组织所担负的确保数据安全的职责来自于组织的客户关系及其责任。伴随着数据的可访问性，探讨数据的安全性、隐私和保密性问题。显然，组织需要主动地确认这些问题，进一步明确与之相关的决议并在部署数据质量政策时交流这些决议。

另一个值得探讨的问题是国家安全。信息领域的国家安全已经成为美国和其他一些国家的核心课题。当需要根据多源数据做出关系国家安全的决策时，数据质量和数据集成的工作体系就成为关乎国家和民众安全的重要因素。随着世界各国间联系的日益紧密，安全问题也就变得愈加复杂和富有挑战性。

12.8 有线和无线的世界

不断变化的交流环境、不断出现的交流方式，数据质量变得越来越复杂，也向组织发出了新的挑战。这也支持了本书的论点——旅途并没有结束。数据质量的挑战从单媒体拓展到多媒体，从简单的信息延伸到复杂甚至未知的数据。

在这样丰富的数据环境中，分辨和识别数据采集者、数据管理者和数据消费者愈发困难。组织可能根本就不知道存在多少通往不同信息系统的渠道，反过来，追踪数据的源头异常困难。

在这样一个开放式环境中，如果没有明确的规章制度，数据的传输是难以想象的——数据的丢失可能随处可见。追踪这些数据可以帮助组织了解所面临的问题，也许这些问题是可怕的，但是与此同时，组织和数据质量专家也将有更多的机会来创造、革新解决方案和技术。

本书中遵循着数据技术的主要原则和理论，尽管这些原则和理论可能在实施中的表现形式是多种多样的，也可能需要调整或者革新。

12.9 后记

新的问题，以及没有解决的旧问题；新的工艺、新的技术都向我们提出新的挑战（Lee,2004）——一些是可以预见的，更多的则是无法预料的。

一些组织已经开始着手应对这些挑战。本书中的三个案例企业都已经踏上了这个旅途。它们在组织内外开展数据质量实践、发起培训并共享数据质量成果和实践经验。伴随着本书中探讨的原理和技术，伴随着新方法的出现和越来越多的数据质量之旅，经验丰富的组织应该为未来的旅途做好准备，这也有助于其他组织开启数据质量旅程。

附录　一种基于期望失验理论的信息质量评估指标体系[①]

F.1　引言

随着信息技术的发展,越来越多的企业大量部署和使用各种信息系统,以提高自身捕捉市场机会和识别市场威胁的能力。这些能力对于企业在市场环境中建立竞争优势而言,往往至关重要(Sambamurthy 等人,2003;Wade 和 Hulland,2004)。在信息系统部署和使用的过程中,一个关键性的问题是信息质量(information quality,IQ)问题。高质量的信息可以帮助企业提高其生产力、降低生产成本、增加利润(English,1999)。相反,低质量的信息则有可能会引起严重灾难、生产事故、生产效率低下以及资源浪费等(English,1999;Mandal,2004)。许多公司及组织,如 IBM(Huang 等人,1999)、AT&T 公司等都进行严格的信息质量控制,以提高生产效率。

鉴于信息质量的重要价值,研究人员在过去的三十年中,开展了关于信息质量的大量研究,提出了诸多的信息质量概念,例如,Dedeke(2000)、Diemers(2000)、Eppler(2001)、Price 和 Shanks(2005),以及指标体系(Lee 等人,2002)。然而,文献中提出的概念和指标体系有一些不足之处,例如,信息质量概念与指标体系往往局限于具体的信息或质量、信息质量的测量指标不全面、测量指标含糊不清或互相依赖(Bovee 等人,2003)。因此,有必要提出一个信息质量模型:首先要能够清晰定义信息质量的理论概念;其次应当尽可能地涵盖从理论和实践中得到的各种信息质量指标;最后,还需要有足够的灵活性,以满足不同应用领域的需求。

本研究旨在准确地定义信息质量概念,建立一个有效及有用的信息质量度量指标体系。为了实现这一目标,尽可能全面、彻底地回顾了信息质量相关文

---

① 译者注:《Journey to Data Quality》一书出版于 2006 年。从 2006 年以来,国际数据质量领域又积累了一些新的研究成果和实践案例。为了帮助读者了解国际数据质量领域的最新进展,由西安交通大学管理学院刘跃文、张宏云、徐丰、黄伟编写此附录,其中系统总结了 2006—2013 年数据质量领域的研究成果,并提出了一些新的观点和工具,供读者参考。

献。本研究搜集了超过350篇IQ、DQ(data quality,DQ,部分学者认为DQ与IQ是相同的概念)的相关文献。其中,明确地列出IQ、DQ指标体系或度量方法的文献共48篇。经过对这些文献的总结与分析,提出了一种基于期望失验理论(expectation disconfirmation theory,EDT)的信息质量测量模型。再采用一些方法和标准,搜集了信息质量的测量指标,最终形成了包括30个指标的信息质量量表。这些提供的量表业已经过了实证数据的检验。

F.2 文献回顾

关于信息质量概念的研究在信息系统领域可以追溯到20世纪80年代。例如,Zmud(1978)采用实证研究的方法探讨了信息概念的维度,并使用这些维度评估了三种不同的报告格式;Ives等人(1983)扩展了Bailey和Pearson(1983)的计算机用户满意度测量量表,建立了用户信息满意度的测量量表(user information satisfaction,UIS),他们将用户信息满意度定义为"用户认为他们可使用的信息系统在多大程度上满足了他们的信息需求"。Doll和Torkzadeh(1988)通过合并"易用性"和"信息产品"测量指标来测量信息终端用户的满意度。虽然这些早期的研究极少使用"信息质量"一词,但是他们却讨论了用户对于信息的感知质量,如信息是否有正确的格式、是否满足了一些特定要求、是否有用等。20世纪90年代以来,信息质量与数据质量这两个名词经常被学者互换使用,例如,Pipino等人(2002)。Wang和Strong(1996)通过一个两阶段的调查及排序研究,开发了一种分层的数据质量指标体系,包括四个方面:数据内在质量(intrinsic DQ)、数据情境质量(contextual DQ)、数据表达质量(representational DQ)和数据存取质量(accessibility DQ)。该文是迄今为止引用率最高的信息质量概念及测量指标体系的文献。

要对信息质量概念和指标体系有一个全面的了解,可以采用由Webster和Waston(2002)提出的结构化的方法,以确定文献的来源。第一步,在IS领域的顶尖期刊论文中,通过关键词"信息质量"、"数据质量"、"数据的质量"、"信息的质量"进行搜索。通过期刊数据库ABI/INFORM(ProQuest)查询信息系统协会(2011)确定的MIS期刊列表,选出前五名的顶尖期刊,包括MISQ、ISR、CACM、MS和JMIS,进行文献检索。此外,还查阅了国际信息质量大会(ICIQ)从1995年至2011年所有可用的文章,ICIQ是专门针对IQ、DQ领域的高质量国际会议。第二步,检索在第一步中识别出的包含信息质量指标体系或测量量表的文章所引用的文献。第三步,在Web of Science数据库中搜集了上述目标文献。

通过这三个步骤，共计总结归纳了357篇IQ、DQ文献，最终确定48篇IQ、DQ框架和量表相关文献用于文献综述。表F.1中列出了48篇包含了IQ、DQ概念、指标体系或量表的文献。

表 F.1 文献筛选和归纳

期刊	文献
CACM(2)	Kahn, et al. (2002); Wand and Wang (1996)
I&M(2)	Lee, et al. (2002); Staples, et al. (2002)
ISR(5)	DeLone and McLean (1992); McKinney, et al. (2002); Rai, et al. (2003); Wixom and Todd (2005); Niclaou and Maknight (2006)
JASIST(7)	Herrera - Viedma, et al. (2006); Marshall, et al. (2004); Rieh (2002); Arazy and Kopak (2011); Katerattanakul and Siau (2008); Stvilia, et al. (2007); Stvilia (2007)
JMIS(7)	Cha - Jan, et al. (2005); DeLone and McLean (2003); Essex and Magal (1998); Gosain, et al. (2004); Nelson, et al. (2005); Vandenbosch and Higgins (1995); Wang and Strong (1996)
MISQ(1)	Christiaanse and Venkatraman (2002)
MS(1)	Ballou and Pazer(1985)
IEEE TKDE(1)	Wang, et al. (1995)
DSS(1)	Chen and Tseng (2011)
DSI(1)	Zmud (1978)
IPM(1)	Fox, et al. (1994)
ISJ(1)	Joshi and Rai (2000)
ISM(1)	Miller (1996)
JSIS(1)	Gorla, et al. (2010)
JISci(1)	Wang and Wang (2008)
Other Journals (3)	Bovee, et al. (2003); Mitchell and Volking (1993); Alkhattabi, et al. (2010)

续表

会议	文献
ICIQ(12)	Orman, et al. (1996); Matsumura and Shouraboura (1996); Mandke and Nayar (1999); Dedeke (2000); Diemers (2000); Naumann and Rolker (2000); Davidson and Chun (2002); Eppler and Muenzenmayer (2002); Liu and Chi (2002); Gackowski (2004); Ge and Helfert (2007); Sadiq et al. (2011)

Wang和Strong(1996)曾指出三种建立“数据质量”指标体系的方法,包括直觉法、理论法和实证法。直觉法是指,根据研究人员的经验和直观理解来确定信息质量的度量标准,具体而言,决定信息质量由哪些指标组成,以及各个指标的重要程度。理论法是一种基于某种理论全面地设计信息质量指标体系的方法。理论法在文献中较少能见到。例如,Price和Shanks(2005)使用符号学的理论来作为信息质量指标体系的基础;Wand和Wang(1996)用本体论来描述数据质量的指标体系。实证法是指通过咨询信息消费者(如信息系统的用户)来搜集信息质量的度量指标,它的优点在于能“抓住客户的声音”(Wang和Strong,1996)。

直觉法可以帮助研究人员“选择与特定的目标最相关的准则”(Wang和Strong,1996),但却不容易保证所形成的指标体系的正确性和完整性。利用直觉法生成的量表可能包括不合适的指标,或遗漏一些重要的信息质量指标。例如,评判信息系统是否成功的文献中使用了“可获取性”作为系统质量的一个判断指标,因为“可获取性”测量的是用户对与系统交互的过程的评价(Negash等人,2003;Nelson等人,2005)。然而,相当多的信息质量研究把“可获取性”纳入其信息质量指标体系及测度量表中,例如,Matsumura和Shouraboura(1996)、Miller(1996)、Wang和Strong(1996)、Alter(2001)、Davidson和Chun(2002)、Eppler和Muenzenmayer(2002)、Kahn等人(2002)、Lee等人(2002)、Bovee等人(2003)、Marshall等人(2004)、Chang等人(2005)。这些论文采纳了Wang和Strong(1996)提出的“数据质量”量表,把“可获取性”作为信息质量的一个指标,而不是系统质量的指标。信息质量量表的“完备性”问题也较为普遍。一些学者在其测度信息质量时,只使用了部分信息质量指标(Zwass,1998),或从文献中选择一些常见的指标(McKinney等人,2002)。采用理论法的相关研究从理论的角度出发,使用一个系统的框架来构建信息质量的指标,可以满足信息质量指标的正确性和完整性的要求,但它不能“抓住客户的声音”(Wang和Strong,1996)。通过实证法可以获得代表信息消费者的想法的信息质量指标,但它也有可能是不正确或不完整的(Wang 和 Strong,1996)。这三种方法并不一定是彼此孤立、非此即彼的。通过综合使用这三种方法,可以弥补这三种方法的缺点,增加所得的信息质量指标体系及量表的有效性及可用性。

信息质量量表研究的相关文献的另一个问题是,研究人员很少检查信息质量量表的建构效度(construct validity)。在选出的48篇文献中,超过一半(56%)的文献仅提供了信息质量指标体系的定性描述。根据 Boudreau 等人(2001)的建议,定量研究应当进行预实验、信度检查、建构效度检查(包括区分效度和聚敛效度)等环节。基于此建议,分析了48篇文献中的17篇定量研究。其中,11篇检查了信度,9篇检查了效度,而只有5篇进行了预实验。如果再考虑到内容的有效性,即指标的正确性和完整性,几乎没有一个量表能满足要求。不严谨的信息质量指标体系导致了诸多不便。当需要使用信息质量概念时,大多数研究人员必须回顾相当多的信息质量研究,重新设计一份新的信息质量量表,以满足其特定需求(McKinney 等人,2002),而新量表的内容效度和建构效度又极少被完整地验证过。这就导致了新量表几乎不可能被更多的研究人员使用。显然,这种状况有可能损害信息系统领域知识的积累过程(Boudreau 等人,2001)。根据之前的文献回顾和分析,有必要深入研究信息质量概念,开发一种易于采纳的并经过严格验证的量表,这一量表将有助于信息系统领域知识的积累。

值得指出的是,关于信息和数据之间的差异,有一些不同的看法。例如,Alter(1991)认为信息是作为“适合于特定使用”的数据;O’Brien(2003)指出“信息是置于一个有意义和有用情境中的数据”;Davis 和 Olson(1985)指出,数据为“原材料”,“本身无意义”和“必须变成有用的形式,并置于一个情境中才有价值”。然而,对于信息质量和数据质量,就像信息质量的主流文献中所建议的那样,这两个词可以交互使用(Lee 等人,2002)。

F.3 信息质量的概念

F.3.1 期望失验理论

期望失验理论理论(也称 EDT 理论)起源于市场营销和消费者行为研究中(Oliver,1977;Oliver 和 Desarbo,1988)。文献中指出,消费者的满意程度是由实际感知和期望共同决定的(Oliver,1980;Susarla 等人,2003)。期望是对产品的先验感知(Susarla 等人,2003)。实际感知与期望的差距行成了失验(disconfirmation)。显然,失验可以分为两种类型:正面的失验和负面的失验(Oliver,1980)。在信息系统领域的文献中,也有许多研究引入 EDT 理论来解释满意度和采纳意愿之间的关系。例如，Bhattacherjee(2001)基于 EDT 理论分析了影响持续使用意图的动机因素；Bhattacherjee 和 Premkumar(2004)研究了用户使用系统的经验改变时，其信念和态度对信息技术使用的影响。

基于 EDT 理论，Parasuraman 等人(1988)开发了 SERVQUAL 量表，使用期望和所得到的服务之间的差距来测量服务质量。在信息系统的文献中，SERVQUAL 量表也被用来衡量信息系统的服务质量。例如，Kettinger 和 Lee (2007)采用 SERVQUAL 测量信息的服务质量，以及分析信息服务功能与用户满意度的关系；Kahn 等人(2002)提出了一个产品和服务绩效的信息质量模型。在此信息质量模型中，Kahn 等人还加入了服务质量这一指标。Kahn 等人的模型将质量分为两类：符合规范要求及超出消费者的期望。根据 Kahn 等人的解释，信息质量应当包含服务质量的维度，还需要与消费者预期相关。综上所述，信息质量的测量与服务质量的测量应当具有很高的一致性。

F.3.2 信息质量的概念界定

信息质量的最常用的定义是"适合使用(fitness for use)"(Wang 和 Strong, 1996)。信息质量的目的是通过满足用户的需要来促进其使用数据。Lee 和 Strong(2003)把数据用户划分为数据采集者、数据管理者和数据消费者。Wang 和 Strong(1996)把数据质量维度分为四类：内在质量、情境质量、表达质量和存取质量。这些维度不仅是 IQ 的指标类别，而且是用户在信息使用过程中的满意度的体现。"适合使用"侧重于用户的使用过程，是一个典型的以用户为中心的描述(Lee 等人,2002)。然而，也有学者认为，这种描述对于信息质量测量来说显得过于宽泛(Kahn 等人,2002)。

由于信息质量是"质量"这一概念的一个子概念，因此，有必要从"质量"这一概念开始讨论信息质量的概念及测量问题。Reeves 和 Bednar(1994)指出了四种描述质量的方法：质量意味着卓越、质量意味着有价值、质量意味着合乎规格、质量意味着达到或超出消费者的预期。如果质量意味着卓越，意思是采用一些绝对的标准来评估质量。如果质量意味着价值，意思是在用一些绝对的标准来评估是否卓越的同时，还要考虑达到卓越水平需要花费的成本。如果质量意味着是否合乎规格，意思是质量的评估应基于一个具体的设计规范，还需考虑是否有一致的和可量化的产出。如果质量意味着达到或超出消费者的预期，意思是质量的评估将基于客户是否满足其期望，这可能与顾客感知到的某些绝对水准、价值或其他属性有关。根据上述分析，可以将信息质量定义为"信息的产品或服务达到或超过消费者期望的程度"。首先，该定义从信息用户角度考虑了信息质量：达到或超出用户预期的程度越高，信息质量越高。其次，这一定义中的信息质量不仅关注信息产品，也关注信息服务。

F.3.3 信息质量的特征

信息质量的概念有几个明显的"以用户为中心"的特点。首先，信息质量概念不仅涉及有关信息内容的标准（如它的相关性、准确性和完整性等），而且还涉及"信息呈现和交付终端用户的方式"的标准（如语言、表现形式、层次细节等）（Kim 等人，2005）。其次，信息质量必须在某些应用情境中。Matsumura 和 Shouraboura（1996）指出，脱离情境，信息的质量是没有意义的。因此，在某些用户情境中，没有绝对的高信息质量，只有相对较高的信息质量。这种以用户为中心的特点在信息质量指标体系中体现在两个方面：第一，该指标体系应当包括用户情境相关的指标，比如"相关性"，这个指标在很多信息质量研究中都非常常见（Dedeke，2000；Joshi 和 Rai，2000；Kahn 等人，2002；Marshall 等人，2004）；第二，信息质量的标准不是绝对的客观标准，而是主观标准，将根据情境不同而发生改变。例如，一条在某种情境中足够精确的信息在另一个情境中可能是不够精确的。

此外，信息质量的概念是一种以产品或服务为导向的概念，而不是专注于信息产品生产过程的概念。信息处理系统本身的质量问题可以归结为"系统质量"，这与"信息质量"的概念是完全不同的。

因此，直观上来说，信息质量是一个多维度的概念，正如同大多数研究者所认为的一样。例如，Matsumura 和 Shouraboura（1996）在其文章中指出，信息质量是一个多维的概念。在选择的 48 篇文献中，56% 的文献描述的信息质量概念是多维概念。然而，不同学者眼中的多维结构大不相同。Wang 和 Strong 在 1996 年提出的信息质量指标体系，是最流行的一个指标体系，包含 4 类 15 个指标。2002 年，这些信息质量指标被重新整合、调整、分类为合理的信息、有用的信息、可靠的信息和可用的信息（Kahn 和 Strong，2002）。Price 和 Shanks（2005）基于符号学理论提出了其信息质量模型。在 Price 和 Shanks 的模型中，信息质量指标被归结为 3 大类，分别是语法标准、语义标准、实用标准。文献中的信息质量指标体系远不止这 3 种。每个指标体系都代表了学者的观点，可能合理，也可能不合理。我们的目标是设计一个尽可能地普遍适用的信息质量框架，避免个人观点引起的不合理性。

对于那些没有明确地讨论信息质量的多维度结构的研究，有几种可能的原因。其中一个可能的原因是，信息质量概念通常是研究框架的一部分。如果使用信息质量的多维度量表，将占据调查问卷中问题指标的很大比例。因此，研究人员通常会在相关文献的基础上临时开发一种新的信息质量量表（Essex 和 Magal,1998;Christiaanse 和 Venkatraman,2002;Rai 等人,2003;Staples 等人,2002;Gosain 等人,2004)。由于这些临时开发的信息质量量表很难确保其内容效度,因此几乎不会被重复使用,也不利于信息系统领域知识的积累(Boudreau 等人,2001)。

F.4 信息质量的指标体系

如前文所言,文献中提出了多个信息质量指标体系。如 Wang 和 Strong(1996)通过访问信息终端用户得到的内在、情境、表现和可访问性等 4 个方面 15 个指标的指标体系;Kahn 等人(2002)建立的产品和服务绩效的信息质量模型;Eppler(2001)基于调查评估提出的信息质量框架,其中包括清晰度、定位、一致性、简洁性和实用性;Price 和 Shanks(2005)基于语义学提出的信息质量类别,包括语法质量、语义质量、使用质量等。直接使用这些信息质量的指标体系可能会有问题。一个问题是,这些信息质量指标体系之间的不一致,来源于每个学者的观点或视角的不同,多个指标体系可能会导致认知的混乱,而直接使用某个指标体系又可能会有偏颇。另一个问题是,各个信息质量指标体系中,信息质量的维度和指标的命名及定义往往取决于特定的情境,缺乏一致性,较为混乱。例如,某些学者使用"可信"作为指标,而另一些学者使用"信誉"作为指标。这些指标大同小异,给使用者增加了认知的困难。

鉴于文献中的信息质量指标体系的不一致性和维度指标定义的模糊性,本研究将不参考文献中的指标体系,而是从收集最基本的信息质量指标开始,通过一定的方法和规则,获得一个较为全面和客观的信息质量指标体系。

第一步,从 48 篇最重要和有代表性的信息质量文献中收集信息质量的指标,总共获得 450 条信息质量指标(包括重复的)。第二步,为了是减少信息质量指标的冗余,设计了一个双向自动消除程序,最终产生了 230 条完全不同的指标,这些指标在文献中出现的频率范围在 25~1 之间。第三步,根据这些指标是否有相同的词根和意义,进行进一步分成组,最终形成 123 个组,这些分组中的指标在文献中出现的频率范围在 32~1 之间。第四步,根据上文对 IQ 定义,制定了如下信息质量指标体系的规则,以减少指标体系中指标的数量:

规则 1:如果某指标讨论的是数据的采集、存储和处理,则不保留该指标。

规则 2:如果某指标讨论的是没有合适格式和有意义的内容的数据,则不保留该指标。

规则 3:如果某指标讨论的是信息处理系统本身,而不是信息,则不保留该指标。

基于此规则，组织了两次专题小组讨论：第一次专题小组讨论邀请了信息质量的研究学者参加；第二次专题小组讨论邀请了信息系统的终端用户和研究人员。经过两次专题小组的深入讨论，最终形成了30条指标的信息质量指标量表，见表F.2。

表 F.2　信息质量指标量表

编号	指标内容
D1	所有相关信息都被记录在信息系统中
D2	信息都有适当的语言、符号和单位，具有可读性和可解释性
D3	信息是最新的
D4	信息准确地反映现实
D5	信息与任务是相关的
D6	用户可以轻松地访问信息系统中的信息
D7	信息的格式应适当
D8	信息是可信的
D9	信息的内容不应前后矛盾
D10	用户能容易地理解信息
D11	信息是有用的
D12	信息是简洁的
D13	信息以一个统一的格式呈现
D14	信息是准确的
D15	信息的细节程度是合适的
D16	信息的获取受到适当的限制以保护信息系统不受损坏或滥用
D17	信息是有益的，可以为用户提供价值
D18	信息全面地表述了事实的各个方面
D19	信息有明确的含义
D20	信息是正确的

续表

编号	指标内容
D21	信息是可用的
D22	用户都能够快速地访问信息系统中的信息
D23	信息有可靠的来源
D24	信息量是合适的
D25	信息客观地反映事实
D26	信息足够支撑完成任务
D27	用户能够理解信息
D28	信息能满足用户的需要
D29	信息可以很容易地被操纵并应用于不同的任务
D30	用户都能够方便地使用信息

在使用本量表时,需要调查用户的期望及实际感知,然后利用实际感知减去期望的方式,来获得用户感知的某个指标的信息质量。一个信息质量指标调研样例见表 F.3。

表 F.3　信息质量指标调研样例

编号	指标内容	极度不同意　中立　极度同意
D1 - Exp	您在多大程度上认为,您工作中所有相关信息都应当被记录在相关信息系统中	1 2 3 4 5 6 7
D1 - Per	您在多大程度上认为,您工作中所有相关信息都已经被记录在相关信息系统中	1 2 3 4 5 6 7

D1 - Exp 测量的是对于信息完整性的期望,而 D1 - Per 测量的是对于信息完整性的感知。假设 D1 - Exp 的值是 4,而 D1 - Per 的值是 6,那么关于信息完整性的评估为 6 - 4 = 2。

F.5　讨论

本研究的目的是提出一个多维度的信息质量指标体系来测量信息质量。通过全面系统地回顾信息质量研究文献，定义了信息质量概念，分析了信息质量的指标体系，并设计了包括30个指标的信息质量量表。本研究有如下创新之处：① 基于大量的文献回顾、深入的概念分析、系统的方法来构建信息质量指标体系。② 基于期望失验理论，使用受访者的预期减去感知程度来衡量信息质量。

关于信息系统是否成功的研究通常把信息质量和系统质量作为自变量(DeLone和McLean,1992;Seddon,1997;DeLone和McLean,2003)。然而，Rai等人(2002)发现，信息质量与系统质量存在正相关关系。本研究提出了一个较为准确的信息质量测量模型，能够帮助更好地理解和解决在研究文献中关于信息质量和系统质量的研究结果不一致的情况。本研究提出新的IQ指标体系是对经典的信息质量指标体系的汇总和延续，有利于信息质量研究领域的知识积累。

在大数据时代，信息质量对组织发展尤为重要。新的IQ指标体系可以帮助评估和分析组织中的信息系统的信息质量。识别信息质量较低的维度，基于分析结果进行改进。这将可能帮助企业提高其生产力、降低成本，最终增加利润(English,1999)。高质量的信息还可以帮助企业准确识别市场机会或威胁，在市场竞争中取得竞争优势(Sambamurthy等人,2003;Wade和Hulland,2004)。

本研究也存在一些局限性。首先，由于对信息质量的理解在不同的情境中会有所不同，所提出的量表还需要进一步的实证研究来验证。其次，在回顾的信息系统领域鲜有文献中涉及信息质量模型。然而，信息质量研究可能并不限于信息系统领域，未来的研究可以在更为广泛的领域中搜集信息质量指标体系，并进行整合。

此外，未来的研究可以探讨信息质量指标和用户满意度之间的关系。信息质量被证明对用户满意有作用(Joshi和Rai,2000;Negash等人,2003)。然而，每个信息质量指标对用户满意度的影响可能是不一样的，这不仅是因为有些指标比其他指标有更显著的效果，还因为信息质量的标准和满意度之间的关系可能并不是线性的，而是不对称的(Matzler和Hinterhuber,1998;Zhang和von Dran,2001;Staples等人2002,Ting和Chen,2002)。未来的研究还可以探讨电子商务中的信息质量问题。电子商务网站提供了多种类型的信息，如产品信息、工艺信息和客户反馈信息，以方便购买。不同的信息，其质量要求可能会有所不同。例如，产品信息与客户反馈信息相比，应当更准确。研究信息质量和客户满意度之间的关系将为电子商务网站的设计和操作提供建议。

参考文献

Agmon, N., and N. Ahituv. 1987. "Assessing Data Reliability in an Information Systems." *Journal of Management Information Systems* 4 (2): 34 – 44.

Amram, M., and N. Kulatilaka. 1998. *Real Options: Managing Strategic Investment in an Uncertain World*. Boston: Harvard Business School Press.

Anthes, G. 2002. "Bridging Data Islands." *Computerworld* (October 14): 23 – 24.

Argyris, C., and D. Schön. 1978. *Organizational Learning: A Theory of Action Perspective*. Reading, Mass.: Addison-Wesley.

Arnold, S. 1992. "Information Manufacturing: The Road to Database Quality." *Database* 15 (5): 32.

Ballou, D., and H. Pazer. 1985. "Modeling Data and Process Quality in Multi-input, Multi-output Information Systems." *Management Science* 31 (2): 150 – 162.

Ballou, D., and H. Pazer. 1995. "Designing Information Systems to Optimize the Accuracy-Timeliness Trade-off." *Information Systems Research* 6 (1): 51 – 72.

Ballou, D., and H. Pazer. 2003. "Modeling Completeness versus Consistency Trade-offs in Information Decision Contexts." *IEEE Transactions on Knowledge and Data Engineering* 15 (1): 240 – 243.

Ballou, D., and G. Tayi. 1989. "Methodology for Allocating Resources for Data Quality Enhancement." *Communications of the ACM* 32 (3): 320 – 329.

Ballou, D., and G. Tayi. 1999. "Enhancing Data Quality in Data Warehouse Environment." *Communications of the ACM* 42 (1): 73 – 78.

Ballou, D., R. Wang, H. Pazer, and G. Tayi. 1998. "Modeling Information Manufacturing Systems to Determine Information Product Quality." *Management Science* 44 (4): 462 – 484.

Bardhan, I., S. Bagchi., and R. Sougstad. 2004. "Prioritizing a Portfolio of Information Technology Investment Projects." *Journal of Management Information Systems* 21 (2): 33 – 60.

Batini, C., M. Lenzirini., and S. Navathe. 1986. "A Comparative Analysis of Methodologies for Database Schema Integration." *ACM Computing Survey* 18(4): 323 – 364.

Becker, S. 1998. "A Practical Perspective on Data Quality Issues." *Journal of Database Management* 35 (Winter): 35 – 37.

Berry, M., and G. Linoff. 2004. *Data Mining Techniques for Marketing, Sales, and Customer Relationship Management*. 2d ed. Indianapolis: Wiley.

Black, F., and M. Scholes. 1973. "The Pricing of Options and Corporate Liabilities." *Journal of Po-*

litical Economy 81 (3): 637 - 654.

Bobrowski, M., and S. Vazquez-Soler. 2004. "DQ Options: Evaluating Data Quality Projects Using Real Options." In *International Conference on Information Quality*, 297 - 310. Cambridge, Mass: MITIQ.

Bovee, M., B. Mak, and R. Srivastava. 2001. "A Conceptual Framework and Belief Function Approach to Assessing Qverall Information Quality". In *International Conference on Information Quality*, 311 - 328. Cambridge, Mass: MITIQ.

Brackett, M. 2000. *Data Resource Quality Turning Bad Habits into Good Practices*. Upper Saddle River, N. J.: Addison-Wesley.

Brackstone, G. 1999. "Managing Data Quality in a Statistical Agency." *Survey Methodology* 25 (2) (December): 139 - 149.

Brodie, M. 1980. "Data Quality in Information Systems." *Information and Management* (3): 245 - 258.

Cappiello, C., C. Francalanci, and B. Pernici. 2002. "A Model of Data Currency in Multi-Channel Financial Architectures." In *International Conference on Information Quality*, 106 - 118. Cambridge, Mass.: MITIQ.

Cappiello, C., C. Francalanci, and B. Pernici. 2003 - 2004. "Time-Related Factors of Data Quality in Multi-channel Information Systems." *Journal of Management Information Systems* 12 (3) (Winter): 71 - 92.

Carey, R., and R. Lloyd. 1995. *Measuring Quality Improvement in Healthcare: A Guide to Statistical Process Control Applications*. New York: ASQ Quality Press.

Celko, J., and J. McDonald. 1995. "Don't Warehouse Dirty Data." *Datamation* (October 15).

Chen, P. 1976. "The Entity-Relationship Model: Toward a Unified View of Data." *ACM Transactions on Database Systems* (1): 166 - 193.

Chen, Z. 2001. *Data Mining and Uncertain Reasoning*. New York: Wiley.

Chengalur-Smith, I., D. Ballou, and H. Pazer. 1999. "The Impact of Data Quality Information on Decision Making: An Exploratory Analysis." *IEEE Transactions on Knowledge and Data Engineering* 11 (6): 853 - 864.

Chisholm, M. 2001. *Managing Reference Data in Enterprise Databases: Binding Corporate Data to the Wider World*. San Francisco: Morgan Kaufmann.

Churchman, C., and P. Ratoosh, eds. 1959. *Measurement: Definitions and Theories*. New York: Wiley.

Cochran, W. 1997. *Sampling Techniques*. 3d ed. New York: Wiley.

Codd, E. 1970. "A Relational Model of Data for Large Shared Data Banks." *Communications of the ACM* 13 (6): 377 - 387.

Codd, E. 1990. *The Relational Model for Database Management: Version 2*. Reading, Mass.: Addison-Wesley.

Corey, D. 1997. "Data Quality Improvement in the Military Health Services Systems and the U. S.

Army Medical Department." In *Proceedings of the 1997 Conference on Information Quality*, 37 - 62. Cambridge, Mass. : MITIQ.

Corey, D., L. Cobler, K. Haynes, and R. Walker. 1996. "Data Quality Assurance Activities in the Military Health Services System." In *Proceedings of the 1996 Conference on Information Quality*, 127 - 153. Cambridge, Mass. : MITIQ.

CRG (Cambridge Research Group). 1997a. *Information Quality Assessment (IQA) Software Tool*. Cambridge, Mass. : Cambridge Research Group, Inc.

CRG (Cambridge Research Group). 1997b. *Integrity Analyzer: A Software Tool for Total Data Quality Management*. Cambridge, Mass. : Cambridge Research Group, Inc.

Cykana, P., A. Paul, and M. Stern. 1996. "DoD Guidelines on Data Quality Management." In *Proceedings of the 1996 Conference on Information Quality*, 154 - 171. Cambridge, Mass. : MITIQ.

Davidson, B., Y. Lee, and R. Wang, 2004. "Developing Data Production Maps: Meeting Patient Discharge Submission Requirement." *International Journal of Healthcare Technology and Management* 6 (2): 87 - 103.

Delone, W., and E. McLean. 1992. "Information Systems Success: The Quest for the Dependent Variable." *Information Systems Research* 3 (1): 60 - 95.

English, L. 1999. *Improving Data Warehouse and Business Information Quality: Methods for Reducing Costs and Increasing Profits*. New York: Wiley.

Eppler, M. 2003. *Managing Information Quality: Increasing the Value of Information in Knowledge-Intensive Products and Processes*. Berlin: Springer.

Eppler, M., and M. Helfert. 2004. "A Classification and Analysis of Data Quality Costs." In *International Conference on Information Quality*. Cambridge, Mass. : MITIQ.

Fetter, R. 1991. "Diagnosis Related Groups: Understanding Hospital Performance." *Interfaces* 21 (1): 6 - 26.

Firth, C. 1993. *Management of the Information Product*. Master's Thesis, Massachusetts Institute of Technology.

Fisher, C., and B. Kingma. 2001. "Criticality of Data Quality as Exemplified in Two Disasters." *Information and Management* 39 (2): 109 - 116.

Fisher, C., E. Lauria, I. Chengalur-Smith, and R. Wang. 2006. *Introduction to Information Quality*. Cambridge, Mass. : MITIQ.

Fox, C., A. Levitin, and T. Redman. 1995. "The Notion of Data and Its Quality Dimensions." *Information Processing and Management* 30 (1) (January): 9 - 19.

Gitlow, H., S. Gitlow, A. Oppenheim, and R. Oppenheim. 1989. *Tools and Methods for the Improvement of Quality*. Boston: Irwin.

Guy, D., D. Carmichael, and O. Whittington. 1998. *Auditing Sampling: An Introduction*. 4th. New York: Wiley.

Han, J., and M. Kamber. 2001. *Data Mining: Concepts and Techniques*. San Francisco: Morgan Kaufmann.

Hand. D., H. Mannila, and P. Smyth. 2001. *Principles of Data Mining*. Cambridge, Mass.: MIT Press.

Hauser, J., and D. Clausing. 1988. "The House of Quality." *Harvard Business Review* 66 (3): 63 – 73.

Helfert, M. 2002. *Proaktives Datenqualitätsmanagement in Data-Warehouse-Systemen—Qualitätsplanung und Qualitätslenkung*. Berlin: Logos Verlag.

Hernadez, M. A., and S. J. Stolfo. 1998. "Real-World Data Is Dirty: Data Cleansing and the Merge/Purge Problem." *Journal of Data Mining and Knowledge Discovery* 1 (2).

Huang, K., Y. Lee, and R. Wang. 1999. *Quality Information and Knowledge*. Upper Saddle River, N. J.: Prentice Hall.

Huh, Y. U., F. Keller, T. Redman, and A. Watkins. 1990. "Data Quality." *Information and Software Technology* 32 (8): 559 – 565.

Jackson, J. 1963. "Jobshop Like Queueing Systems." *Management Science* 10 (1): 131 – 142.

Jarke, M., M. Jeusfeld, C. Quix, and P. Vassiliadis. 1999. "Architecture and Quality in Data Warehouses: An Extended Repository Approach." *Information Systems* 24 (3): 229 – 253.

Johnson, J., R. Leitch, and J. Neter. 1981. "Characteristics of Errors in Accounts Receivable and Inventory Audits." *Accounting Review* 56 (2): 270 – 293.

Kahn, B., D. Strong, and R. Wang. 2002. "Information Quality Benchmarks: Product and Service Performance." *Communications of the ACM* 45 (4) (April): 184 – 192.

Kaplan, D., R. Krishnan, R. Padman, and J. Peters. 1998. "Assessing Data Quality in Accounting Information Systems." *Communications of the ACM* 41 (2) (February): 72 – 78.

Katz-Haas, R., and Y. Lee. 2002. "Understanding Hidden Interdependencies between Information and Organizational Processes in Practice." In *Proceedings of the Seventh International Conference on Information Quality* (ICIQ), 18 – 30. Cambridge, MA: MITIQ.

Katz-Haas, R., and Y. Lee. 2005. "Understanding Interdependencies between Information and Organizational Processes in Practice." In *Information Quality*, ed. R. Y. Wang et al. Armonk, N. Y.: M. E. Sharpe.

Krantz, D., R. Luce, P. Suppes, and A. Tversky. 1971. *Foundations of Measurement: Additive and Polynomial Representation*. London: Academic Press.

Kriebel C. 1979. Evaluating the Quality of Information Systems. In *Design and Implementation of Computer Based Information Systems*, ed. N. Szysperski and E. Grochla, 29 – 43. Germantown, Pa.: Sijthtoff and Noordhoff.

Laudon, K. 1986. "Data Quality and Due Process in Large Interorganizational Record Systems." *Communications of the ACM* 29 (1) (January): 4 – 11.

Lee, Y. 2004. "Crafting Rules: Context-Reflective Data Quality Problem Solving." *Journal of Management Information Systems* 12 (3) (Winter): 93 – 120.

Lee, Y., L. Pipino, D. M. Strong, and R. Y. Wang. 2004. "Process-Embedded Data Integrity." *Journal of Database Management* 15 (1): 87 – 103.

Lee, Y., and D. M. Strong. 2004. "Knowing-Why about Data Processes and Data Quality." *Journal of Management Information Systems* 20 (3) (Winter): 13 – 49.

Lee, Y. W., D. M. Strong, B. K. Kahn, and R. Y. Wang. 2002. "AIMQ: A Methodology for Information Quality Assessment." *Information and Management* 40(2): 133 – 146.

Levitin, A., and T. Redman. 1998a. "A Model of Data Life Cycles with Applications to Quality." *Information and Software Technology* 35: 217 – 224.

Levitin, A., and T. Redman. 1998b. "Data as a Resource: Properties, Implications, and Prescriptions." *Sloan Management Review* 40 (1) (Fall): 89 – 102.

Liepins, G., and V. Uppuluri, eds. 1990. *Data Quality Control: Theory and Pragmatics*. New York: Marcel Dekker.

Loshin, D. 2001. *Enterprise Knowledge Management: The Data Quality Approach*. San Francisco: Morgan Kaufmann.

Madnick, S. 1999. "Metadata Jones and the Tower of Babel: The Challenge of Large-Scale Semantic Heterogeneity." In *Proceedings of the 1999 IEEE MetaData Conference*. Los Alamitos, Calif.: IEEE.

Madnick, S., R. Wang, K. Chettayar, F. Dravis, J. Funk, R. Katz, C. Lee, Y. Lee, X. Xian, and S. Bhansali. 2005. "Exemplifying Business Opportunities for Improving Data Quality from Corporate Household Research." In *Information Quality*, ed. R. Y. Wang, E. M. Pierce, S. E. Madnick, and C. W. Fisher, 181 – 196. Armonk, N. Y.: M. E. Sharpe.

Madnick, S., R. Wang, and X. Xian. 2004. "The Design and Implementation of a Corporate Householding Knowledge Processor to Improve Data Quality." *Journal of Management Information Systems* 20 (3): 41 – 70.

Meehan, M. 2002. "Data's Tower of Babel." *Computerworld* (April 15): 40 – 41.

Miller, H. 1996. "The Multiple Dimensions of Information Quality." *Information Systems Management* 13 (2) (Spring): 79 – 82.

Missier, P., G. Lalk, V. Verykios, F. Grillo, T. Lorusso, and P. Angeletti. 2003. "Improving Data Quality in Practice: A Case Study in the Italian Public Administration." *Distributed and Parallel Databases International Journal* 3 (2) (March): 135 – 160.

Morey, R. 1982. "Estimating and Improving the Quality of Information in the MIS." *Communications of the ACM* 25 (5): 337 – 342.

Naumann, F. 2002. *Quality-Driven Query Answering for Integrated Information Systems*. New York: Springer.

Och, C., R. King, and R. Osborne. 2000. "Integrating Heterogeneous Data Sources Using the COIL Mediator Definition Language." In *Proceedings of the Symposium on Applied Computing, Como, Italy*, 991 – 1000. New York: ACM.

Olson, J. 2003. *Data Quality: The Accuracy Dimension*. San Francisco: Morgan Kaufmann.

Oman, R., and T. Ayers. 1988. "Improving Data Quality." *Journal of Systems Management* 39 (5) (May): 31 – 35.

Orr, K. 1998. "Data Quality and Systems Theory." *Communications of the ACM* 41 (2) (February): 66 – 71.

Paulson, L. 2000. "Data Quality: A Rising E-Business Concern." *IT Pro* 2 (4) (July-August): 10 – 14.

Pierce, E. 2004. "Assessing Data Quality with Control Matrices." *Communications of ACM* 47 (2) (February): 82 – 84.

Pierce, E. 2005. "What's in Your Information Product Inventory?" In *Information Quality*, ed. R. Y. Wang, E. M. Pierce, S. E. Madnick, and C. W. Fisher, 99 – 114. Armonk, N. Y.: M. E. Sharpe.

Pipino, L., and D. Kopcso. 2004. "Data Mining, Dirty Data, and Costs." In *International Conference on Information Quality*. Cambridge, Mass.: MITIQ.

Pipino, L., Y. Lee, and R. Wang. 2002. "Data Quality Assessment." *Communications of the ACM* 45 (4) (April): 211 – 218.

Price, H. 1994. "How Clean Is Your Data?" *Journal of Database Management* 5(1): 36 – 39.

Redman, T. 1996. *Data Quality for the Information Age*. Boston: Artech.

Redman, T. 1998. "The Impact of Poor Data Quality on the Typical Enterprise." *Communications of the ACM* 41 (2) (February): 79 – 82.

Redman, T. 2001. *Data Quality: The Field Guide*. Boston: Digital Press.

Rob, P., and C. Coronel. 2000. *Database Systems: Design, Implementation and Management*. 4th ed. Cambridge, Mass.: Course Technology.

Scannapieco, M., B. Pernici, and E. Pierce. 2002. "IP-UML: Towards a Methodology for Quality Improvement Based on the IP-Map Framework." In *International Conference on Information Quality*, 279 – 291. Cambridge, Mass.: MITIQ.

Shankaranarayan, G., R. Y. Wang, and M. Ziad. 2000. "Modeling the Manufacture of an Information Product with IP-MAP." In *International Conference on Information Quality*, 1 – 16. Cambridge, Mass.: MITIQ.

Shankarnarayanan, G., M. Ziad, and R. Wang. 2003. "Managing Data Quality in Dynamic Decision Environments: An Information Product Approach." *Journal of Database Management* 14 (4) (October-December): 14 – 32.

Soler, S., and D. Yankelevich. 2001. "Quality Mining: A Data Mining Method for Data Quality

Evaluation." *International Conference on Information Quality*, 162 – 172.

Storey, V., and R. Wang. 1998. "Modeling Quality Requirements in Conceptual Database Design." In *Proceedings of the 1998 Conference on Information Quality*, 64 – 87. Cambridge, Mass.: MITIQ.

Strong, D., Y. Lee, and R. Wang. 1997a. "Data Quality in Context." *Communications of the ACM* 40 (5) (May): 103 – 110.

Strong, D., Y. Lee, and R. Wang. 1997b. "Ten Potholes in the Road to Information Quality." *IEEE Computer* 30 (8) (August): 38 – 46.

Strong, D., and S. Miller. 1995. "Exceptions and Exception Handling in Computerized Information Processes." *ACM Transactions on Information Systems* 13(2) (April): 206 – 233.

Tayi, G., and D. Ballou. 1999. "Examining Data Quality." *Communications of the ACM* 41 (2): 54 – 57.

Total Data Quality Management Research Program (TDQM). 〈http://mitiq.mit.edu/〉.

Tuomi, I. 2000. "Data Is More Than Knowledge." *Journal of Management Information Systems* 16 (3): 103 – 117.

Wand, Y., and R. Wang. 1996. "Anchoring Data Quality Dimensions in Onto-logical Foundations." *Communications of the ACM* 39 (11) (November): 86 – 95.

Wang, R. 1998. "A Product Perspective on Total Data Quality Management." *Communications of the ACM* 41 (2) (February): 58 – 65.

Wang, R., T. Allen, W. Harris, and S. Madnick. 2003. "An Information Product Approach for Total Information Awareness." *IEEE Aerospace Conference*.

Wang, R., H. Kon, and S. Madnick. 1993. "Data Quality Requirements Analysis and Modeling." In *The 9th International Conference on Data Engineering*, 670 – 677. Los Alamitos, Calif.: IEEE.

Wang, R., Y. Lee, L. Pipino, and D. Strong. 1998. "Manage Your Information as a Product." *Sloan Management Review* 39 (4): 95 – 105.

Wang, R., and S. Madnick. 1990. "A Polygen Model for Heterogeneous Database Systems: The Source Tagging Perspective." In *The 16th International Conference on Very Large Data Bases*, 519 – 538. San Francisco: Morgan Kaufmann.

Wang, R., M. Reddy, and H. Kon. 1995. "Toward Quality Data: An Attribute-Based Approach." *Decision Support Systems* 13: 349 – 372.

Wang, R., V. Storey, and C. Firth. 1995. "A Framework for Analysis of Data Quality Research." *IEEE Transactions on Knowledge and Data Engineering* 7(4) (August): 623 – 640.

Wang, R., and D. Strong. 1996. "Beyond Accuracy: What Data Quality Means to Data Consumers." *Journal of Management Information Systems* 12 (4) (Spring): 5 – 34.

Wang, R., M. Ziad, and Y. Lee. 2001. *Data Quality*. Norwell, Mass.: Kluwer Academic.

Yamane, T. 1967. *Elementary Sampling Theory*. Englewood Cliffs, N. J.: Prentice Hall.

